KB271475

한 달 간의 아름다운 여행

- 실크로드 · 동북아 편

한 달 간의 아름다운 여행 − 실크로드 · 동북아 편

지 은 이 | 김종년
펴 낸 이 | 김원중

편　　집 | 우승제
디 자 인 | 정현애
제　　작 | 최은희
마 케 팅 | 권영재
펴 낸 곳 | DDK(주)
　　　　　도서출판 선미디어

초판인쇄 | 2005년 5월 20일
초판발행 | 2005년 5월 25일
출판등록 | 제2-2576(1998.5.27)

주　　소 | 서울시 마포구 상수동 324-11
전　　화 | (02)325-5191
팩　　스 | (02)325-5008
홈페이지 | http://smbooks.com

ISBN 89-88323-69-6 03980

값 12,000원

한 달 간의 아름다운 여행

- 실크로드 · 동북아 편 -

도서출판 선·미디어

35년간을 한 집에서 고집스레 살고 있을 만큼 변화에 둔감하고 보수적이며 내성적인 성격의 나는 취미생활도 동적인 것보다는 정적인 것을 좋아해서 오랫동안 난과 분재를 가꾸어왔고, 틈이 나면 화랑가에 드나들며 그림 감상하는 것을 유일한 낙으로 살아왔다.

그러던 내가 배낭 하나만 의지하고 지구촌 오지를 이곳 저곳 찾아다니며 여행을 할 수 있게 된 것은 돌이켜 생각하면 경이로운 일이 아닐 수 없다.

내가 처음 여행에 눈을 뜨게 된 것은 1978년 송희성 선배님의 권유로 동남아여행을 따라나서면서부터였다. 그 때만 해도 외국의 초청장이 있어야 여권과 비자가 나올 정도로 까다로운 시절이었다. 처음 시작한 여행은 당시에는 이름도 생소한 배낭여행으로 한 달 동안 대만, 태국, 싱가포르, 말레이지아, 홍콩, 일본 등 동남아를 돌아오는 코스였다. 이렇게 시작된 여행이 때로는 여행사의 패키지 코스를 따라다니다가 2000년 겨울부터는 본격적으로 배낭을 메고 지구촌 오지를 찾아 나서게 되었다.

고등학교 교사인 덕에 나는 여름방학과 겨울방학이라는 귀한 시간을 선물로 받았다. 매년 여름방학과 겨울방학을 한두 달 앞두고 일단 다음 여행지를 결정한 후, 그 지역 특성에 따른 전문여행사를 찾아가거나 가이드북을 참고하거나 인터넷을 통해 그 지역의 정보를 탐색하여 여행을 준비하곤 한다.

연세가 아흔아홉이신 노모를 아내에게 맡기고 배낭 하나만 걸쳐멘 채 훌쩍 떠나가는 남편을 서운한 내색 한 번 하지 않고 항상 잘 다녀오라고 배웅해 주는 사랑스런 아내가 있었기에 지금까지 마음놓고 여행을 할 수 있었다. 평소 아내에게 표현하지 못한 고마운 마음을 늦게나마 이 여행기를 통해서 전하고 싶다.

인생은 나그네 길이라고 하였든가, 예순이 훌쩍 넘은 나이지만 배낭을 앞뒤로 메고 세계의 젊은이들과 함께 지구촌 오지를 찾아다니며 미지의 세계를 만날 때마다 여행의 피로는 바람처럼 씻겨지고 새로운 힘이 솟구치곤 한다. 모든 것이 여행이 지니고 있는 마력 때문이리라.

실크로드 여행에서 알카에다 조직의 핵심 인물인 테러리스트 오사마 빈라덴의 테러에 대비하여 파키스탄 정부는 경찰의 무장경호를 제공하였다. 그 경호 속에 안전하게 관광하며 카라코람 산맥을 넘던 일 등 동북아 여행에서 몽골리언의 사원지이고 샤먼의 발원지인 바이칼 알혼섬의 불칸바위 앞 경험 등은 정말 잊을 수 없다.

여행을 하다 보면 일상의 가면과 단조로움으로부터 해

방되어 한없이 자유로운 또 다른 시공 속에 자신이 새로
태어나고 있음을 느끼게 된다. 그 중에 옷깃을 스치고 지
나간 수많은 인연들이 잊지 못할 추억으로 영원히 간직되
길 바라는 마음으로 현지에서 틈틈이 기록한 단상과 경험
들을 자그마한 책으로 엮었다.

글재주가 없지만 여행을 하면서 보고, 듣고, 느낀 점들
을 일기를 쓰듯 정리하여 세상에 내놓게 되었다.

이 책이 태어날 수 있도록 도와 주신 선미디어 김원중
사장님과 많은 조언을 해 주신 여러분들께 진심으로 감사
드리며 특히 원고 작성에 많은 조언으로 도움을 주신 이춘
기 선생님에게 깊은 감사를 드린다.

아무쪼록 이 작은 책이 앞으로 여행을 계획하는 많은 이
들에게 조금이나마 도움이 되기를 진심으로 기대한다.

2005년 5월

김 종 년

여행이라는 단어는 참으로 마음을 설레이게 하는 매력을 가지고 있습니다. 사람마다 여행에 대한 생각이 다르겠지만 저에게 있어 여행이란 쉼을 의미했습니다. 나를 돌볼 겨를도 없이 일만 하다가 시간의 여유가 조금 생기면 가까운 곳으로 여행을 떠나 조용히 쉬고 돌아오곤 했습니다.

혹자에게는 여행이 추억과 낭만이 될 수도 있고, 가족과 함께 나누는 시간일 수도 있고, 사랑의 속삭임 일 수도 있고, 도전일 수도 있습니다.

내가 아는 김종년 선생에게 있어서 여행은 하나의 사명감 같아 보입니다. 그는 자신이 여행을 해야 하는 사명을 부여 받은 사람인양 방학이면 꼭 1달 씩 여행을 떠납니다.

젊지 않은 나이임에도 불구하고 꼭 배낭여행을 고집합니다. 틀에 짜여진 대로 보고 오는 것이 아니라 발 닿는 대로 마음 가는 대로 가야하고, 보고 싶은 것을 보고 와야 하는 그의 성격 때문일 것입니다.

더구나 그는 남들은 잘 가지 않는 곳, 남들이 잘 모르는 곳, 지구촌의 오지를 여행하는 것을 좋아합니다. 미지의 세계를 찾아 지구의 구석구석을 찾아 떠나는 것입니다.

편안한 쉼을 위한 여행이 아니라 도전하는 여행을 하는 그의 모습에서 나이는 숫자일 뿐이라는 것을 다시 한 번 깨닫게 됩니다.

치안상태와 교통이 좋지 않았던 카라코람 하이웨이와 황량한 고비사막을 질주하며 인간의 한계를 실험하는 등 여행을 하기에 쉽지 않은 곳이지만 그곳으로 떠나기 위해 공부하고 여행일정을 잡는 모습을 보고 감동하지 않을 수 없었습니다. 그리고 힘들게 계속되는 강행군의 여행 속에서도 하루도 거르지 않고 그 날 있었던 일과 보고 느낀 것을 메모해 온 노트를 보고 진정한 배낭여행 마니아, 여행의 달인이라는 말을 떠올리게 되었습니다.

김종년 선생이 이번에 자신의 여행을 기행문으로 꾸민 책 "한 달 간의 아름다운 도전–실크로드·동북아 편"을 세상에 내놓게 되었습니다.

철저히 준비하고 사전 정보를 알고 떠난 여행과 설레임과 기대만을 갖고 떠난 여행에서 보고 느끼는 바는 천지 차이입니다.

더 많은 것을 보고 느끼고 돌아오는 여행, 소중한 추억을 가지고 돌아오는 여행이 되기를 바라는 자들에게 이 책을 적극 추천합니다. 이 책을 가지고 떠나는 여러분의 여행은 든든한 가이드를 동반하고 떠나는 여행이 될 것입니다.

다시 한 번 김종년 선생의 "한 달 간의 아름다운 여행" 발간을 축하드리며, 또다른 도전과 정복이 계속되기를 기대해 봅니다.

2005년 5월
전 한양대학교 부총장 강 명 순

차 례
Contents

실크로드(비단길)

카자흐스탄
흑해
그루지야
아랍해
타슈켄트
탈라스
아르메니아
카르기니니스탄
터키
아제르바이잔
투르크메니스탄
사마르칸트
카스피해
카슈카
시리아
바그다드
테헤란
파미르고원
레바논
예루살렘
마슈하드
아프카니스탄
호탄
이스라엘
마슈하드
카불
라호르
요르단
이라크
이 란
파키스탄
쿠웨이트
뉴델리
네팔
아랍에미리트
오만
인 도
사우디아라비아
아라비아해
에멘
실크로드
저자 여행길
인 도 양

러시아
바이칼
몽골
몽고고원
우치
고비사막
고창
돈황
중국
동해
대한민국
서해
가욕관
티벳고원
서녕
란주
서안
동중국해
산맥
부탄
태평양
방글라데시
미얀마
라오스
타이
베트남
캄보디아
남중국해
말레시아
싱가포르

실크로드를 찾아서

실크로드란 비단길이라는 뜻이다. 이는 동방에서 서방으로 간 대표적인 상품이 중국산 비단이었던 데서 유래되었다고 하는데 서방으로부터는 보석, 옥, 직물 등의 산물이나 불교, 이슬람교 등이 이 길을 통하여 동아시아에 전해졌다.

그런 연유에서 독일의 지리학자 리히트호펜(1883-1905)이 붙인 이름으로, 서안(西安)에서 로마에 이르는 고대의 대상로(隊商路)를 말한다. 실크로드는 북쪽으로 황량한 고비사막, 남쪽으로는 황사의 발원지로 알려진 망망한 타클라마칸사막, 그리고 끝이 보일 것 같지 않은 하늘을 향하여 우뚝 솟은 히말라야의 준령인 천산산맥(티엔산)이 자리 잡고 있다.

예로부터 인간이 발을 들여 놓는 것을 싫어 했고, 생물이 살아 숨쉬는 것조차 거절해 온 신성불가침의 영역이 서역(西域)땅이다. 이곳은 계절도 멈춘 험준한 산과 깊은 침묵의 시간만이 영원하고 무한한 하늘만 있을 뿐이다.

실크로드는 가장 위험한 자연을 일부러 택하여 누군가가 만들어 놓은 장난이 아닐까? 때로는 방치된 아름다운 비단실처럼 사막을 지나 여름에는 흰 천산산맥 너머로 가늘게 이어져 있다.

기원전부터 많은 사람들이 이곳을 여행했다. 한나라의 장연(張鳶), 동진의 법현(法顯), 당나라의 현장(玄奘), 그리고 신라의 혜초(慧超)스님과 마르코폴로가 한 마리의 낙타에 의지하여 목숨을 걸고 여행했던 때를 생각해 본다.

태양이 서쪽으로 지면 타는 듯한 모래의 열기도 거짓말처럼 식고, 하늘에 무수히 떠있는 별들만이 사막의 밤을 지킨다. 거꾸로 말려 올라가는 누런 먼지의 폭풍, 힘에 겨워 흐느적거리는 낙타의 그림자, 그리고 인간들의 개척정신과 모험심이 이 서역 땅을 넘나들게 하였을 것이다.

오늘날 아시아에서 유럽까지 비행기로 8시간 정도 걸리면 충분한 시대에 실크로드란 말이 왜 그토록 나에게 매력을 느끼게 하는 것일까! 아시아를 뛰어넘어 태평양과 대서양을 건너 지구촌 구석구석 미지의 세계를 가보고 싶은 끝없는 욕망이 충동질하고 있다.

그래서 나는 다양한 종족의 꿈과 모험심으로 얽힌 수많은 전쟁이 치러진 서역 땅 실크로드의 중간 기착지인 파키스탄 라호르에서 중국의 서안까지를 역(逆)으로 한 달 동안의 짧은 기간에 경험하기 위하여 배낭 하나를 걸쳐 메고 이 길을 떠나가고 있다.

오호츠
바이칼
몽골
몽고고원
고비사막
카자흐스탄
아랄해
타슈켄트
탈라스
우루무치
대한민국
동해
흑해
그루지야
카스피해
카르기니니스탄
돈황
서해
아르메니아
아제르바이잔
투르크메니스탄
사마르칸트
고창
가욕관
터키
바그다드
태헤란
카슈카르
서안
지중해
레바논
시리아
예루살렘
마슈하드
파미르고원
호탄
티벳고원
서닝
란주
동중국해
이스라엘
요르단
이라크
이란
아프카니스탄
카불
라호르
히말라야산맥
부탄
중국
쿠웨이트
파키스탄
네팔
아람에미리트
오만
뉴델리
인 도
방글라데시
사우디아라비아
아라비아해
미얀마
라오스
에엔
뱅골만
타이
캄보디아
베트남
남중국해
인 도 양
말레이시아
싱가포르

PAKISTAN

파키스탄

첫번째 날

초등학교 시절 소풍 갈 때마다 마음이 설레이는데, 예순이 넘은 지금도 여행을 떠나려면 마음이 들뜨고 초조해져 설레이기는 초등학교 때와 마찬가지이다.

이른 새벽 5시에 기상하여 서둘러 택시를 타고 삼성동에 있는 공항터미널로 나갔다. 이 곳에서 공항버스를 이용하여 인천공항에는 오전 9시경에 도착할 수 있었다.

방콕공항에서-옷감짜는 모습

오늘 가고자 하는 목적지 파키스탄의 라호르까지는 논스톱으로 가는 직항로가 없어 방콕을 경유하는 항공편이 예약된 상태이다. 타이항공기 TG 659는 인천공항을 11시에 이륙하여 방콕의 돈무앙 국제공항에는 현지 시간으로 오후 2시에 (2시간 시차) 도착함으로써 5시간 정도 소요되었다.

파키스탄 라호르로 가는 항공편이 밤 8시 30분에 있기 때문에 공항에서 6시간 30분 정도를 기다리던지, 아니면 500바트의 공항세를 내고 방콕 시내를 관광한 후 비행시간에 맞추어 돌아오던지 해야 했다.

방콕은 지난 1월에도 머물다간 적이 있기 때문에 공항에서 이곳저곳을 기웃거리며 시간을 보냈다. 돈무앙 국제공항은 아시아에서 가장 바쁜 공항 중 하나이며, 전 세계의 80개 이상의 항공사가 취항 중에 있다.

공항내의 면세구역 상점에는 여행객들이 시간을 보내며 쇼핑을 즐기는 모습을 볼 수 있었고, 한국에서 캄보디아로 선교활동을 나간다는 남녀 대학생 20여 명으로 구성된 선교팀이 넓은 통로에서 카세트테이프를 틀어 놓고

방콕공항

경쾌한 음악에 맞추어 라틴댄스를 신명나게 추고 있어 오가는 사람들이 모여 들어 구경을 하고 있다.

돈무앙 국제공항에서 오랜 휴식을 취한 후 20시 30분이 되어서야 라호르를 향한 비행기는 밤하늘을 가로질러 4시간을 비행한 끝에 목적지인 **'라호르'**에 도착하였다.

예약해둔 호텔 측에서 나온 인솔자가 꽃 목걸이를 걸어 주며 환영을 해 주었다. 공항청사를 빠져 나오니 자동차들이 내뿜는 아황산가스가 시계를 흐리게 하고 매캐한 냄새가 코를 진동시키는 최악의 환경이 이방인을 당황케 했다.

공항에서 미니버스로 20분을 달려 우리 일행들이 이틀 동안 머무를 'Best Eastern Hotel'에 여장을 풀었다.

두번째 날

파키스탄은 역사적으로 인더스 문명의 발상지로 인류사에 위대한 발자취를 남긴 바 있으나, 유사 이래로 동서 문화의 십자로에 위치하여 끊임없는 외세의 침략에 시달려왔다.

파키스탄이라는 국명도 펀잡의 P, 아프가니스탄의 A, 카슈미르의 K, 신드의 S, 발루치스탄의 TAN을 따서 'PAKISTAN'으로 정하였다고 한다. 정치체계는 이슬람 공화국으로 의원내각제와 대통령제를 혼합한 독특한 정

세계 4대 문명의 하나인 인더스 문명의 발상지가 있는 파키스탄은 영국의 식민통치로부터 1947년에 독립하면서 종교적 이념 차이로 인도와 분리되었고, 지역적인 이해관계 때문에 방글라데시와 분리된 나라이다.

파키스탄은 이슬람교를 국교로 삼고 있으며, 국내적으로는 군부독재와 민주화 세력간에 갈등을 겪고, 국제적으로는 인도와 중국 간에 해묵은 국경분쟁 및 아프가니스탄 난민문제 등의 어려움을 안고 있다. 국제적인 위치는 비동맹 제3세계의 일원으로 활약하고 있다.

인더스 강을 중심으로 동쪽은 인도, 서쪽은 아프가니스탄과 이란, 북쪽은 중국 등과 국경을 접하고 있다. 면적은 한반도의 3.5배 가량이고, 인구는 1억 2천만 명이다. 북위 24 ~ 37도에 걸쳐 남북으로 길쭉한 나라이므로 기후가 다양하여 여름철에는 섭씨 35℃까지 올라가나 1년 내내 비가 한 방울도 내리지 않는 지역도 있다.

1. 수도–이슬라마바드
2. 시차–한국보다 4시간 느리다
3. 화폐–루피(Pakistan rupee)
4. 언어–우르두어
5. 종교–이슬람교

치체제를 갖추고 있다.

경제면은 주력산업으로 밀, 옥수수, 쌀, 담배, 사탕수수 등이 있다. 인더스 강을 막아 건설한 다목적 댐은 세계최대의 언제식(堰堤式) 댐이며 파키스탄 총 전력의 절반정도를 커버하고 있다. 그러나 날로 증가 추세에 있는 아프가니스탄 난민이 파키스탄 경제에 큰 마이너스 요인이 되고 있다.

파키스탄은 국민의 97%가 이슬람교도로서 전통과 풍속이 강하게 지배하는 사회로, 민족의상을 장려하고 하고 있는 바, 외국인이라 할지라도 과다한 노출이나 요란한 옷차림으로 이슬람의 규범을 지나치게 어기지 않아야 한다.

또한 금주국가로 술은 마실 수 없으며, 외국인에 한해서 호텔 객실에서만 허용되는데 술을 주문할 때는 음주 신청서에 국적, 이름, 주소, 종교, 아버지 이름 등을 쓰고 음주 허가를 받아야 한다. 그렇게 복잡한 절차를 거쳐서 술을 마시느니 차라리 금주를 하는 편이 훨씬 낳겠다는 생각이 들었다.

카라치에 이어 파키스탄 제2의 도시인 라호르(Lahore)는 약 230만 명의 인구가 살고 있는 대도시이다. 무굴 제국의 '악바르' 대제가 델리에서 이곳으로 수도를 옮긴이래 인도 이슬람 양식의 건축물로 시가지가 장식되어 있음을 볼 수가 있다. 또한 영국의 지배 당시의 빅토리아 양식의 건축물과 정원 등이 조화를 이루고 있어 한결 거리가 아름답게 가꾸어져 있었다. 라호르는 지리적이나 문화적으로 인도와 가장 밀접한 관련성이 있는 가장 두드러진 도시이다.

지난 해 인도를 여행하던 중 '암리차르'(Amritsar)에서 당일치기로 '라호르 박물관'(Lahore Museum)을 보려고 이 도시를 방문한 적이 있었다. 지금도 잊을 수 없는 기억은 그 날이 우리의 고유 명절인 설날로 수요일이

라호르박물관 전경

라호르 박물관 전시물   라호르 박물관 전시물

었다. 새벽부터 서둘러 국경을 넘어 60km 떨어진 라호르까지 달려 왔으나, 가는 날이 장날이라고 매주 수요일은 박물관이 휴관하는 날이라 하여, 박물관 건물을 배경으로 다녀왔다는 징표로 사진만 찍고 돌아간 일이 있었다. 일 년 반이 지난 오늘 다시 박물관을 찾으니 감회가 남다르게 느껴졌다.

'라호르 박물관'은 파키스탄에서 가장 오래되고 가장 큰 박물관으로 1864년에 건립되었다고 한다. 박물관 관람료 70Rs와 카메라 촬영료 10Rs를 따로 내고 티켓을 구입한 후에야 관람할 수 있었다.

박물관 내부 구조는 8개의 전시실로 나누어 꾸며졌다. 간다라의 불교 미술과 인더스강 유역에서 발굴된 출토품과 실크로드를 통해 들어온 중국의 도자기와 비단, 파키스탄 각지의 민족의상과 무굴 제국의 예술품 등이 다양하게 전시되어 있다.

그 중에서도 간다라 미술의 최고 걸작품으로 우리나라 미술 책에도 수록되어 있는 '단식하는 불타상'(Fasting Buddha)이 있는데 이는 앙상한 갈비뼈와 툭 튀어나온 핏줄 등을 실감나게 묘사한 유명한 조각품이어서 눈에 띄었다. 여행하면서 항상 느끼는 것이지만 고대유적지와 박물관을 전문적 지식 없이 견학하자니 정확한 이해가 부족하여 아쉬움을 간직한채 사진만 찍고 나오는 경우도 많았다.

바드샤히 모스크

박물관을 나와 시내의 서쪽에 있는 세계에서 두번째로 크다는 이슬람 사원인 '바드샤히 모스크'(Badshai Mosque)로 발길을 옮기었다. 이 모스크는 17세기 후반 샤쟈한의 아들인 무굴제국 제6대 아우랑제브왕이 건설하였다. 모스크의 건축양식이 좌우대칭으로 인도의 아그라에 있는 타지마할을 그대로 옮겨 놓은 것처럼 보였다. 빨간 사암의 첨탑에 흰 대리석이 돔과 대조를 이루어 무굴 중기 건축물의 아름다움을 그대로 느끼게 해준다.

왼쪽 깊숙이 있는 첨탑에 오르니 구 시가지와 '라호르 성'(Lahore Fort)이 바로 눈앞에 펼쳐졌다. 라호르 성은 동서 424m, 남북 340m의

바드샤히 모스크

광활한 부지 위에 무굴제국의 악바르 황
제가 1566년에 건축하였다. 성의 부대시
설로는 자항기르 정원을 비롯하여 겨울궁
전, 90만개의 보석으로 수놓은 나우라카
의 방, 은으로 만든 문 등 사치스럽기 이
를 데 없는 건축물이라는 느낌이 들었다.

파키스탄-인도의 국기 하강식

　라호르에서 30km 떨어진 인도와 파키
스탄 국경지대인 ‘와가’에서 양국이 국
경을 사이에 놓고 많은 관광객들이 지켜보는 가운데 매일같이 일몰 시간인
7시경에 국기 하강식을 진행한다. 발을 높이 들었다 땅을 쿵쿵 치는 과장된
몸짓과 커다란 목소리, 연이어 터져 나오는 양국 국민과 여행자들의 박수소

라호르 성벽-벽화

국기 하강식

리, 한마디로 'Border show' 그 자체이다.

전연 긴장감이라고는 찾아 볼 수 없는 양국 국경 수비대의 낙천적 국기 하강식 행사가 코미디 쇼처럼 보이기만 하였다. 이슬람교도들은 남녀의 구별이 엄격하기 때문에 관람 좌석의 배치도 국경관문을 중심으로 우측은 남자용, 좌측에는 여자용 계단식 관람석으로 분리되어 500여 명의 관광객이 이를 지켜보고 있는 모습이 특이하게 보였다. 국기 하강식을 지켜보는 맨 앞쪽 특별좌석은 주로 파키스탄 상류계층과 이방인 여행객을 배려해서 마련되어 있었다.

현지 관광객들은 한국에 대해서는 좋은 이미지를 가지고 있어서 친절을 베풀었고, 월드컵 4위의 성적과 붉은 악마에 대해서도 많은 관심을 나타내기도 하였다. 헤어지면서 국경수비대원 및 관광객들과 몇 장의 기념사진을 찍었고 이들은 주소를 적어주며 사진을 꼭 보내달란다.

작년에 본 국기 하강식과 별로 달라진 것은 없었지만 그러나 우리 민족에게는 다른 의미의 교훈을 주고 있다. 분단 반세기 동안 적대 관계가 지속되고 있는 남북. 남북 정상회담을 계기로 대화의 통로가 열리기를 기대해 본다. 당장 통일까지는 어렵겠지만 판문점에 이산가족 면회소를 설치하여 이산가족들이 자유스럽게 상봉할 수 있는 기회를 주어야 되지 않을까 생각하며 무거운 마음으로 버스에 몸을 싣고 숙소로 돌아왔다.

세번째 날

라호르 시내에서 동쪽으로 약 5km 지점에 있는 파키스탄에서 제일 아름답게 잘 가꾸어진 '샤리말 정원'(Shalimal Garden)을 찾아갔다. 인도의 타지마할을 건축했던 샤쟈한왕이 17세기 중반에 왕족들의 휴양지로 만든 정원이다. 모든 건물과 분수대를 대리석으로 만들었으며, 16만㎡의 광대한 정원은 3단 테라스로 되어 있고 연못과 수로가 기하학적으로 배치되어 있어 균형미가 돋보인다. 400여 개의 분수에서 일제히 물을 뿜어 올리는 모습은 그야말로 환상적인 장면을 연출해 내고 있었다.

오늘의 여행 목적지는 라호르에서 북쪽으로 약 339km 거리에 있는 파키스탄의 수도 '이슬라마바드'(라왈핀디)이다. 라호르에서 이슬라마바드 간의 6차선 고속도로는 노면 상태가 아주 훌륭하고 굴곡이 없는 직선도로였다.

우리나라의 대우가 1992년부터 1996년까지 심혈을 기울여 건설하였다니 마음 뿌듯함과 자부심을 느낄 수 있었다. 또한 고속도로 휴게소도 이슬람양식으로 아름다운 전통미를 살려 건축했다고 하는데, 대우의 심벌마크와 영문자로 큼직하

고속도로 휴게소(대우)

게 'DAEWOO' 라고 새겨진 휴게소를 보며 새삼스러운 감회에 젖어보기도 했다. 그러나 한때 "세계는 넓고 할 일은 많다"던 기업주의 야무진 세계제패의 구호는 허공에 사라지고, 흔들거리는 대우를 보는 내 마음이 무겁다.

고속도로 옆으로는 끝없이 펼쳐진 넓은 오렌지 농장과 밀밭, 평야들이 시

파이샬 모스크

선의 끝을 흐리게 한다. 수종을 알 수 없는 나무들은 인공으로 조림한 것처럼 질서있게 서 있다. 시작의 예고도 없이 갑자기 평지가 끝나고 높고 황량한 거대한 산맥이 나타났다. 메마른 산봉우리와, 가파른 절벽만 이어지고 나무 한 그루, 산새 한 마리도 보이지 않는다.

그러나 그곳에도 사람이 사는 모양이다. 버스가 산등성이를 한참 오르자 한없이 광대한 고원이 펼쳐지는데, 그곳에는 하늘에 가까운 마을과 슬프도록 아름다운 농경지들이 평화롭게 펼쳐져 있다.

주황색 재킷을 입은 청소부가 이글거리는 태양 아래 자신의 키보다 긴 빗자루로 고속도로를 쓸고 있다. 가족의 행복을 담보한 청소부의 외로운 고행이 차창을 스쳐간다. 여행객을 실은 이 버스도 고속도로를 외롭게 질주하기는 마찬가지이다.

라호르 – 라왈핀디 간 339km 상하행선 고속도로를 달리는 동안, 고속도로를 운행하고 있는 자동차를 100대 정도도 볼 수 없었다. 파키스탄의 대동맥이라 할 수 있는 고속도로 이용률이 이렇게 저조한 것은 산업시설이 낙후되어 화물 물동량이 없기 때문일 것이다.

오후 5시가 넘어서 라왈핀디에 도착하여 곧장 '파이샬 모스크'(Faisal Mosque)를 찾아 나섰다. 웅장하고 고집스런 모습을 가진 마르갈라 산 바로 아래 10여만 명의 신자들이 동시에 예배를 드릴 수 있는 거대한 규모의 '파이샬 모스크'가 우뚝 서 있었다. 사우디아라비아 국왕

Faisal의 기부로 1985년에 건축되었다고 한다.

　전통적 모스크와 전혀 다른 건축 양식의 파격적 외형이 아주 인상적이었다. 4개의 탑으로 모스크의 기본적인 골격은 유지하고 있었지만, 그 현대적 면모는 매우 독특하게 느껴졌다. 텐트를 상징하는 40m 높이의 지붕과, 88m 높이의 4개의 탑의 모습이 마치 적기의 공격에 대비하여 미사일을 배치하여 놓은 듯한 공격적인 이미지를 느끼게 하였다.

　저녁 기도 시간이라 한 동안 외부인들은 모스크 안으로 들어갈 수 없었다. 그동안 유리창을 통해 그들의 기도하는 모습을 지켜보니 그 몸짓이 경건하면서 열정적인 느낌을 주었다. 기도 시간이 끝나고 모스크 내부로 들어가니 중국에서 기증했다는 둥근 모양의 거대한 샹들리에가 중앙 천장에 매달려 있다. 그리고 기둥이 없이 만들어진 40m 높이의 천장이 인상적인데 이는 예배공간의 통일성을 의미하는 것이라고 한다.

　1959년에 새로운 수도로 선정되어 계획도시로 발전하고 있는 이슬라마바드(Islamabad)는 고원지대의 도시로 푸른 수목들이 우거진 사이로 정부 기관과 각국의 대사관들이 들어서 있다. 한편으로는 옛날부터 내륙 교통과 상거래의 요지로 발전해 온 라왈핀디(Rawalpindi)의 오랜 시가지가 펼쳐진다. 모스크와 바자르를 중심으로 서민의 채취가 물씬 풍기는 도시이기도 하였다.

　인구 10만의 이슬라마바드와 75만 여의 라왈핀디는 궁극적으로 하나의 광대한 수도로 병합될 계획 아래 건설이 계속되고 있다. 마르갈라 산 정상에는 신도시인 이슬라마바드와 구도시인 라왈핀디를 한눈에 내려다볼 수 있는 조망대가 있다. 눈앞에 펼쳐진 이 아름다운 도시가 척박한 땅을 일구어 건설한 도시라고 하니 새삼 인간의 위대함을 실감하였다. 인공호수를 만들고 나무를 심어 푸른 도시로 가꾸어 놓은 이 곳 사람들의 저력을 보여주고 있다.

이슬라마바드 전경

　도시 중심지에 있는 대통령궁과 상·하원, 대법원, 이슬람센터의 건물들이 현대적이며 웅장하다. 강하게 자기를 과시하려는 국가들의 공통적인 특징은 이처럼 거대함을 추구하는 모양이다. 한국의 일부 종교들이 매머드형 건물을 고집하는 것도 같은 맥락이 아닐까 생각된다. 차별성과 자기 과시의 지나친 강조는 공통적으로 소박하고 다원적인 삶의 공간을 위축시키지 않을까 생각된다.

　라왈핀디에서도 시설이 아주 좋은 'Regency Hotel'에 여장을 풀고 오랜만에 따뜻한 물로 샤워를 하고 나니 기분이 상쾌해졌다.

　전통적인 이슬람 중류가정의 저녁식사 초대를 받았다. 저녁 8시쯤 히잡(스카프)으로 머리와 얼굴을 가린 새색시가 승용차를 가지고 호텔까지 와서 자기 집으로 안내하였다. 어둑어둑한 밤이라 잘 보이지는 않았지만 정원이 약 500평, 건평은 30평 정도의 되어 보이는 아담한 단층 슬래브 집이다. 주택 내부 구조는 우리네와 별 차이가 없었다.

　거실로 들어온 새색시는 히잡을 풀고 감추어진 보물을 자랑하듯 자기의 얼굴과 몸매를 드러냈는데, 정말 아름다웠다. 그녀는 23세의 새색시로 파키스탄에서 장래가 촉망되는 국가 공무원과 금년 3월에 결혼했단다. 현재

신랑은 국비연구원으로 한국의 KID(한
국개발연구원)에 유학 중이다.

　나는 새색시의 신랑 '아흐마드'를 알
고 지내는 사이이다. 내가 파키스탄을
거쳐 실크로드로 여행을 떠난 것을 알
고 아내에게 가방을 전해 달라는 부탁
을 받았다. 호텔에 도착하자마자 새색
시에게 전화를 거니 그렇지 않아도 신
랑으로부터 연락을 받고 전화를 기다리

이슬라마바드의 가정

고 있는 중이라며 저녁식사를 초대하여 오늘 이 자리가 마련되었다. 새색시
는 남편이 유학을 마치고 귀국할 때까지 친정에 머물면서 생활을 하고 있
다. 친정 가족으로는 부모님과 방송국에 다니는 오빠부부, 그리고 나이 어
린 조카가 있는 단란한 가정이었다.

　내가 현관에 들어서자마자 조카 아이가 꽃목걸이를 걸어주며 가족들이
박수로 환영해 주었다. 거실 식탁 위에는 많은 음식과 열대과일류를 정성껏
차려 놓고 손님이 오기를 기다리고 있었다. 전통 음식의 이름은 알 수는 없
었지만 너무 달짝지근하고 느끼하여 입맛에 맞지는 않았지만 배불리 먹어
두었다.

　만찬이 끝난 뒤 새색시는 결혼 사진을 보여 주기도 하고, 서재와 침실 및
주방 등을 안내하며 그들 삶의 모습을 이방
인에게 보여 주는 친절을 베풀었다. 조카에
게 한일 월드컵 기간동안 맹위를 떨쳤던
'붉은 악마' 티셔츠와 볼펜을 선물로 주니
방방 뛰면서 좋아한다. 그 모습을 보니 나

입국비자가 가능하다.
3주일 정도가 소요되고 보통 30일
정도의 유효한 비자가 발급된다.

도 흐뭇했다.

밤 10시가 다 되어 가족들과 기념 사진을 촬영한 후에 작별 인사를 나누었다. 새색시는 다시 승용차로 호텔까지 데려다 주었고 즐거운 여행이 되기를 기원해 주며 돌아갔다.

네번째 날

라왈호수에서 만난 가족들

모처럼만에 새벽 5시에 기상하여 호텔에서 3km 거리에 있는 '**라왈호수**'까지 조깅 겸 산책을 나섰다. 이른 시간이라 사방이 어둑어둑하고 산책하는 사람도 그리 많지 않아 한적한 느낌이다. 숲이 우거진 오솔길 산책로를 따라 걷노라니 이름 모를 산새들이 아름다운 멜로디로 지저귀어 상쾌한 아침 기분을 마음껏 느낄 수 있었다.

이슬라마바드의 생명수인 라왈호수가 오랜 가뭄으로 수량이 10m이상 줄어 뜨거운 태양이 작열하는 불볕더위에 도시 전체가 목말라 하고 있다. 이 넓은 호수가 넘쳐날 때는 관광객을 태운 유람선이 오갔다는데 지금은 유람선 몇 척이 호수 한 쪽에서 잠자고 있는 모습이다. 오늘도 날씨가 얼마나 푹푹 찌려고 아침부터 땀방울이 이렇게 등줄기를 타고 흘러내리는지!

호텔로 돌아와 샤워를 마치고 간단하게 커피 한 잔과 빵 한 조각으로 조반을 대신한 후, 미니버스로 2시간을 달려 '**탁실라**'(Taxila)에 도착하였다.

　고원지대 탁실라의 옛 이름은 탁사실라(Taksasila)다. 탁사는 석기를 만들 때 쓰는 돌이고 실라는 도시를 의미한다니 '돌의 도시'란 뜻이다. 탁실라 유적이 여러 곳에 산재되어 있기에 배낭족이 걸어서 돌아본다는 것은 불가능하였다. 렌터카로 반나절 동안에 돌았지만 명성에 비해 남아있는 것이 많지는 않았다. 보존상태가 양호한 불상은 박물관으로 옮겨졌고 대부분 복제품을 전시하여 놓았다. 그래도 간다라 미술이나 불교예술에 약간의 지식을 갖고 관람하면 흥미를 더하겠지만 그렇지 못한 경우 따분하고 지루하게 느껴질 것이 분명했다.

　탁실라는 불교 미술인 간다라의 발상지로 기원전부터 그리스와 로마 조형미술의 영향으로 형성된 간다라 불상과 유품들이 그대로 남아 있는 탁실라 박물관을 견학하였다. 박물관에는 주로 탁실라 주변의 유적에서 발굴된

탁실라 유적 무덤

간다라 미술

간다라 미술에 대해서 알아보면 다음과 같다.

기원전 5세기경에 파키스탄 페샤와르 지방에서 만들어진 그리스·로마풍의 불교 미술로서 인도에서는 BC 3세기 이후부터 생겨났으나, 불상은 간다라에서 처음으로 만들어졌다. 그때까지 불타(佛陀)는 오직 보리수(菩提樹)·스투파·법륜(法輪)·보좌(寶座) 등 상징적으로만 표현되었을 뿐이다. 이것을 일반적으로 간다라 불상이라 한다.

간다라 불상에서 특이한 것은 머리카락이 고수머리가 아니고 물결모양의 장발이라는 점과 용모는 눈언저리가 깊고 콧대가 우뚝한 것이 마치 서양 사람과 같다는 점이다. 또 얼굴 생김새가 인간적이고 개성적이라는 점, 착의(着衣)의 주름이 깊게 새겨졌고 그 모양이 자연스러워 형식화된 것이 아니라는 점 등을 그 특징으로 들 수 있다.

즉 간다라 불상의 표현은 그리스풍의 자연주의·현실주의에 바탕을 두었다. 이것의 역사적 근거로는, 이 지방에 알렉산더 대왕의 침입(BC 327~BC326) 이래 BC 2세기부터 AD 1세기에 걸쳐서 그리스인·샤카족·파르티아족·대월지족(大月氏族)이 잇따라 진출하여 그리스계의 문화가 이식된 것을 들 수 있다. 이는 간다라 조각 등 제우스·아테네·헤라클레스·아틀라스, 그밖에 그리스적 주제(主題)가 담긴 상이 있는 점으로 미루어 알 수 있다.

간다라 조각의 주제로서 중요한 것은 불전도(佛傳圖)와 불타상이다. 보살도 많지만 특정한 보살은 관음(觀音)과 미륵(彌勒) 뿐이다. 조각은 거의가 부조(浮彫)이고 대개는 스투파 기단(基壇)의 벽면을 장식하고 있으며 주재료는 청흑색의 각섬편암(角閃片岩)이다. 그리고 석회상은 간다라 불상의 말기와 아프가니스탄에서의 간다라계 작품에서 많이 볼 수 있다.

이와 같은 간다라 조각은 대월지족이 세운 구산왕조(40~245년경)의, 카니슈카왕(2세기 중엽) 때에 가장 활기를 띠었다고 한다.

불상, 동전, 항아리, 보석 등을 전시하고 있는 간다라 미술의 보고였다.

박물관 관람을 마치고 밖으로 나오니 신혼여행을 온 신랑신부 주변에 많은 구경꾼이 모여 있다. 궁금해서 가까이 가보니 신부는 히잡으로 얼굴을 가린 채로 승용차 안에 있었고, 신랑은 화려한 꽃목걸이를 하였고, 이 곳에 모인 구경꾼들이 꽃목걸이에 돈을 걸어주는 이색적인 모습도 볼 수 있었다.

고대 유적도시 시르캅과 비르마운드, 줄리안, 아쇼카왕의 스투파인 다르마라지카 등을 차례대로 둘러보았다.

탁실라–시르캅

탁실라–시르캅

　'시르캅(Sirkap)'은 탁실라 제2의 고대도시 유적지이다. 높이 9m
의 성벽이 5.5km에 걸쳐 축조되어 있는데 B.C 2세기에서 A.D 2세기까지
번영했던 그리스 왕조와 쿠샨 왕조의 도시 유적이다. 2천년 전의 이 도시는
이제 야트막한 벽의 흔적만으로 남아 있다. 오랜 세월의 저 편 이 곳에서는
신앙과 삶이 통일적 전체로서 이루어지고 있었을까 궁금해진다.

　'비르마운드'는 탁실라에서 가장
오래된 도시 유적지이다. 네 개의 층으로
구성되어 있는데 맨 아래의 제4층은 기원
전 5세기 페르시아의 유적이고, 제3층은
기원전 4세기 알렉산더 대왕이 축조한 도
시의 유적이다. 이 곳에서 그 시대의 은화
가 출토되었으며, 현재 표면에 노출되어
있는 부분은 기원전 3세기의 마우리아 왕
조 때의 유적이다.

　'줄리안'은 황량하고 고독한 산정이
보이는 중턱에 스투파와 사원 터가 있었

비르마운드

다. 그 아득한 옛날에 융성했던 불교의 명성을 지금도 느낄 수 있을 것 같다. 일종의 대학이었던 이 곳에서는 교리와 경전, 그 외 학문들까지 가르쳤다. 정복자 알렉산더가 이 곳을 공격해 점성술, 수학, 의학 등의 지식을 빼갔다니 학문의 깊이가 대단했던 모양이다.

신라의 고승 혜초도 이 곳을 방문했는데, 그가 쓴 '왕오천축국전'에 기록한 '탁사국'이 바로 이 곳이다. 줄리안 사원은 돌을 쌓아 만든 석조건물이다. 작은 뜰에 들어서니 아담한 스투파들이 모여 있다. 진흙을 반죽해서 만든 본체에 작은 불상들을 만들어 놓았다. 하지만 세월과 파괴의 영향 때문인지 붓다의 얼굴을 알아보기가 쉽지 않았다.

한 스투파 앞에 한참을 멈춰 서 있었다. 흐릿한 표정이지만 작은 불상 하나의 얼굴이 평화 그 자체로 빛났기 때문이다. 평화는 자유로움에서 오고, 자유는 깨달음에서 오는 것. 붓다의 미소를 언제쯤 현실 속에서 확인할 수 있을까?

박물관에서 나와 동쪽으로 3km쯤 들어가니 거대한 **'다르마라지카 스투파'** (Dharmarajika Stupa)가 나왔다. 1만 8천 개의 스투파가 있는 왕의 사원으로 아쇼카 왕이 세운 건축물이다. 건축물은 시대를 거듭하며 계속 증축하였고, 지금의 스투파는 쿠샨왕조 때의 건축물이라고 한다. 그 안에 붓다의 진신사리가 있다고 하는데, 지금도 있을까?

두 층의 원형 돌 기단 위에 쌓아올린 스투파는 작은 동산 같았다. 메인 스투파 주변으로는 불당들이 차분하게 위치해 있었다. 이미 자연의 힘에 굴복한 건물 터들은 평화롭고 고요했다. 독경소리가 들리는 것 같다. 커다란 Main Stupa 주변으로 크고 작은 스투파들이 서 있었다.

오후에 '페샤워르'(Peshawar)로 이동하는 길에 아프가니스탄 난민촌이 가까이 보이는 곳을 스치듯 지나왔다. 이 곳에는 아프가니스탄 내전을 피해 국경을 넘어온 난민 220만 명 가량이 집단으로 난민촌을 형성하여 살고 있다. 관광 삼아 난민촌을 방문하는 것은 위험천만한 일이다. 2001년 9월 11일 테러사건 이후 반미 감정이 고조되어 외국인에 대한 테러가 자주 발생하고 있어 파키스탄을 여행할 때에는 항상 위험이 따르고 있다.

페샤워르 거리

이번 파키스탄 여행에서 서양인을 한 사람도 만나보지 못했다. 어제 탁실라부터는 완전 무장한 파키스탄 경찰의 호위를 받으며 유적지를 관광하니 신변 안전에는 마음이 놓였으나 다른 한편으로는 심리적 부담감을 느꼈다. 페샤워르를 비롯한 파키스탄의 일부 변방지역은 지방 부족들의 영향력이 커서 중앙정부의 힘이 미치지 못한다고 한다. 따라서 변방지역의 치안상태가 외국인들이 마음 놓고 여행하기에 아직은 힘든 상황이었다.

오후 5시가 넘어서야 80만 시민이 살고 있다는 페샤워르 'Grand Hotel'에 도착할 수 있었다. 신변호위를 담당한 경찰관은 우리 일행을 호텔까지 무사히 도착하자 데려다 준 후 다시 오겠다며 자기의 임무지로 돌아갔다.

가벼운 차림으로 카메라 하나만을 들고 시내중심가에 위치한 박물관과 모스크를 찾아 나섰다. 일요일이고 늦은 시간대라 박물관은 관람하지 못하고 옆 건물 옥상에 올라가서 이 곳을 배경으로 사진만 촬영하였다.

페샤워르의 재래시장 풍경은 주변 환경이 어지럽고 산만해 보였다. 상점에는 신상품부터 중고품까지 없는 것이 없다. 폐타이어를 이용하여 슬리퍼를 만드는 곳이 있는가 하면, 다른 한 쪽에서는 헌옷가지를 수선하는 재봉틀이 바쁘게 돌아가기도 한다. 노변 상점에는 제 짝도 맞지 않는 헌 구두와

타이어로 샌들을 만드는 모습

운동화를 산더미처럼 쌓아놓고 수요자가 짝을 골라 사가는 모습을 보니 옛날 우리네 모습이 떠올려진다.

여기저기 한눈을 팔면서 시장 안으로 들어가니 혼자서 빠져 나오기 힘든 미로 같은 바자르(Bazaar)가 이방인을 당황하게 만들었다. 특히 이 곳은 아프가니스탄 난민촌이 가까운 지역으로 이방인 혼자서 야간에 돌아다니면 상당히 위험한 지역임을 이후에 알고, 무지는 역시 용감하다는 것을 깨달았다.

저녁식사는 양고기 요리를 잘 한다는 3층 옥상 카페에서 재래시장 야경을 내려다보며 했다. 숯불에 그슬린 바비큐요리를 즐기는 가운데 페샤워르의 밤은 점점 깊어만 갔다.

다섯번째 날

어제 일몰시간 때문에 박물관과 모스크를 제대로 관람하지 못한 미련이 남아 오전 중에 잠시 둘러본 후 스왓(Swat)으로 이동하기 위해 버스에 몸을 실었다.

파키스탄의 도로를 질주하는 버스나 트럭들의 모습이 우리나라의 꽃상여를 연상하리만큼 화려하게 외관과 차내를 치장하여 아주 이색적이다. 모든 차량들이 화려하게 페인트로 도장하고 표면에 그림을 그려 코팅하는 장식문화가 보편화 되어 있다. 버스 지붕 위에 타고 간 승객들이 이방인에게 반갑다고 손을 흔들어 주지만 보기에 불안한 마음이 가시지 않는다.

버스는 출입구가 앞뒤로 나있고 차장도 2명이다. 특이한 것은 정류장에서 버스가 멈추어야 승객이 오르내리는데, 버스는 감속 상태로 지나가므로 승·하차하려면 버스와 같은 속도로 뛰어야 한다. 나이가 많은 노인과 무거운 짐을 가진 사람이 버스를 타기는 매우 위험스러워 보였다.

파키스탄 버스의 꽃단장

페샤워르에서 스왓으로 가는 중간지점의 나무 한 그루, 풀 한 포기 자라지 않는 황막한 산등성이에 '탁티바히 사원유적지'가 자리 잡고 있다. 40℃가 넘는 불볕더위를 무릅쓰고 폐허가 되어버린 탁티바히를 찾아

탁티바히 사원유적지

산자락을 오르자니 땀으로 범벅이 되었고 숨이 차서 헐떡거리며 올랐다.

　역사의 뒤안길에서 허물어진 사원 석조 벽은 그 기초가 튼튼하고 아름답게 쌓아올려져 있는데 그 당시 석공들의 예술성을 짐작할 수 있을 것만 같았다. 크고 작은 주춧돌을 통하여 사원의 규모를 짐작할 수 있었다. 부서져서 형태를 알아볼 수 없는 부처상 몇 점만이 유물로 남아있을 뿐이다.

　탁티바히 사원은 이탈리아의 베수비오 화산으로 폐허가 된 폼페이 유적지보다 규모는 작았지만 건물의 석주와 벽들이 늘어선 모습은 가히 장관이었다.

　탁티바하 사원 유적지에서 조금 떨어진 곳에 있는 '밍고라 박물관'과 '벋카라 불교대학 유적지'도 둘러보았다. 전성기 시절 불교대학의 건물은 그 흔적을 찾아볼 수 없었고 폐허가 된 잔해만 남아 이방인을 맞이하고 있다.

벋카라 불교대학 유적지

인도를 중심으로 한 불교문화가 파키스탄의 간다라 지방에 와서 불교예술로 꽃을 피웠지만 지금은 유물(불상)들이 원형대로 전해지는 것이 거의 없다. 오늘날 이 지역의 종교 분포는 인도는 힌두교가 90%, 불교 5%, 기타 5%이고, 파키스탄 역시 이슬람교 90%, 불교 5%, 기타로 되어 있다. 동남아 다른 지역에 비해서 불교문화가 오히려 쇠퇴되었다. 아프가니스탄의 탈레반 정권은 세계적 문화유산인 불교문화를 탄압하고 파괴했다. 종교적 가치관이 다르다는 이유 하나로 인도에서는 힌두교에 의해서 파괴되었고, 파키스탄과 아프가니스탄에서는 이슬람교에 의해서 파괴되어 그 찬란한 불교 문화의 원형을 제대로 볼 수 없음이 안타까울 뿐이다.

오후 3시경 인구 30만 명의 도시 스왓에 도착하여 'Swat Continental Hotel'에 숙소를 정하고 여장을 풀었다.

스왓 인터콘티넨탈 호텔에서

호텔에서 300m 거리에 위치한 스왓의 명소인 '밍고라 바자르'에서 이 곳의 특산물인 에머랄드를 구경하고 무르가자르 8각 대리석 조각을 둘러보았다.

밍고라 바자르는 중심 번화가에 있어 많은 사람들이 붐비고 있으나 여인들은 그리 많이 눈에 띄지 않는다. 고작 눈에 띄는 여인들은 검은 천으로 만들어진 부르카로 머리부터 얼굴까지 뒤집어썼다. B.C 2000년경에 부르카를 쓰지 않는 여성의 얼굴에 황산을 뿌리자 전 여성이 브로카를 쓰기 시작했다고 전해진다. 외출 시 부인은 남편의 여섯 발걸음 뒤에서 따라와야 하고 남자를 똑바로 쳐다보아서도 안된다. 탈레반 시절의 아프가니스탄 여인들이 인간 대접을 받지 못하고 부르카를 쓰고 집안에만 틀어박혀 잡일이나 하며 살아야 했던 가슴 아픈 사연이 떠올려진다. 최근의 뉴스를 보면 아프

열대과일 사기

가니스탄의 맹렬 여성들이 부르카를 벗어 던지고 길거리를 활보하고 있는 모습을 볼 수 있어 다행스럽게 여겨진다.

이슬람의 결혼제도는 일부다처제로 4명까지 아내를 거느릴 수 있으나 경제문제로 대개 2명 정도를 두고 있다고 한다. 부인들은 남편으로부터 서열에 관계없이 동등한 대우를 받으며 차별을 받지 않는다고 한다.

이방인도 파키스탄에서 중,상류층 정도의 생활을 하려면 500만Rs(1억원) 정도면 주택을 소유하고 자가용을 굴릴 수 있다고 한다. 월 생활비도 500Rs(60만원) 정도를 쓰면 현지의 아름다운 여인을 아내로 맞이하여 행복하게 살 수 있다며 유혹을 해 왔다. 다만 이 곳 생활에 적응하려면 이슬람교를 믿어야 현지인과 조화를 이루며, 사는데 불편을 느끼지 않고 살아갈 수 있다고 한다.

힌두쿠시와 카라코람 산맥의 분기점인 '스왓' 지방은 과일농장과 꽃으로 덮인 능선, 부서져 내리는 폭포, 아름다운 계곡을 흐르는 강과 웅장한 산맥들로 대표할 수 있다. 고대 그리스인들은 이 곳의 경치에 반해 찾아왔고, 불교도들은 수도하기에 조용한 환경과 푸른 계곡의 맑은 물과 강을 찾아왔다.

힌두쿠시의 아름다운 오지 마을로 '코람'이 있다. 코람은 울창한 소나무, 전나무, 히말라야 삼나무 숲과 우슈강이 흐르는 계곡, 야생화와 호도 과수원으로 경치가 아름답다. 약 2,000년 전 스왓은 우드얀으로 알려져 있었으며 주민들은 계획도시에 잘 정착하고 있었다, 그러나 B.C 327년 알렉산더 대왕이 원정으로 우디르맘과 바리콧은 그들의 기지가 되어 버렸다.

　B.C 2세기에 들어와 불교도들은 신앙의 장소로 이 곳을 택하였다. 11세기에는 간지의 마흐무드의 침략으로 디르가 함락되고 우디르람에서 이 곳의 지도자 기라가 정복당하였다. 이어서 무굴의 바바르가 들어오고 그의 손자 아크바르가 들어왔으나 결국 스왓 계곡을 정복하지는 못하였다.

여섯번째 날

　오늘은 지상낙원이라는 샹글리라 고개(3,800m)를 넘어 카라코람 하이웨이를 따라 히말라야 비경을 감상하며 '칠라스'(Chilars)로 이동하기 위하여 이른 아침부터 무장 경찰차의 에스코트를 받으며 의기양양하게 스왓을 출발하였다.

샹글리라–호위경찰과 함께

　힌두쿠시(Hindu Kush) 산맥은 중앙아시아의 중심 파미르 고원에서 발원해 파키스탄 북부지역을 거쳐 아프가니스탄까지 1,600km에 걸쳐 뻗어 있다. 최고봉 티리치미르(7,690m)를 비롯하여 7,000m이상 고봉만도 24개나 되는 큰 산맥이다.

　중국의 카슈가르까지 20년(1959-1978)동안 건설해서 만든 아시아에서 가장 험준한 지역을 지나가고 있다. 원래 사람과 말이 간신히 통과하던 좁고 가파른 이 길을 따라 알렉산더 대왕이 동방정복에 나섰고, 당나라 현장법사와 통일신라 혜초 스님이 불법을 얻고자 목숨을 걸고 지나기도 했다. 또한 중국의 비단이 이 길을 통하여 전해졌기 때문에 붙여진 이름이 실크로드이다.

칠라스 바위계곡과 호수

인더스 강을 따라 이어진 '카라코람 하이웨이'는 이름만 하이웨이다. 우리나라 지방 도로보다 노면이 훨씬 열악하다. 아스팔트 포장이 끊어진 곳이 수시로 나타난다. 시속 30~40km이상 달리기도 힘들다. 크고 작은 바위들이 산비탈에 금방이라도 무너질 듯 간신히 걸려있어 위태로워 보인다.

하이웨이 곳곳엔 산사태로 생긴 돌무더기가 쌓여 있다. 바위들이 언제 굴러 떨어질지는 아무도 모른다. 도로 오른쪽은 천길 낭떠러지다. 매년 수십대의 차들이 벼랑 밑 인더스 강에 추락하는 불상사를 겪는다고 한다. 마주 오는 차를 비켜가기 위해 버스가 절벽 쪽으로 바짝 붙을 때마다 간이 콩알만해져오며 마음은 인샬라 (히랍어로 신의 뜻대로)를 기원하고 있다.

카라코람 하이웨이

갑작스런 폭우로 산사태가 발생하여 바위덩어리가 하이웨이를 덮치는 바람에 모든 교통수단이 두절되었다. 도로에 쌓인 바위덩어리를 치우려면 현지인들이 중장비를 가지고 와서 3일 정도는 치워야 도로가 소통될 수 있다고 한다. 그러나 지금도 황량한 산비탈에서는 크고 작은 바위가 계속 굴러 내려와 위험하고 불안하다. 현장은 수습의 기미가 보이지 않고 초조한 시간은 자꾸 흘러갔다.

상하행선 버스 기사의 유도에 따라 계곡을 건넌 여행객들은 양쪽의 차를 서로 맞바꿔 타고 가기로 했다. 칠라스에 도착할 때까지 완전 자갈길을 미니버스가 출렁거리며 달리면 내 몸도 함께 춤을 추며 뿌연 흙먼지를 일으키며 달려가고 있다.

하루 종일 버스에 시달리고 마음을 졸이다, 칠라스에 도착하여 'Shangrila Chilas Budget Rooms'에 숙소를 정하니 긴장이 풀렸는지 온몸의 삭신이 쑤시고 아파 온다.

위) 도로공사 중 희생자 위령탑
가운데) 카라코람 정상 중국 국경경계비
아래) 카라코람–힌두쿠시–히말라야가
만나는 지점

일곱번째 날

칠라스를 떠나 길기트(Gilgit)로 가는 길목에 인더스 강변의 현수교를 건

길기트 다리

너 모래자갈 벌판을 거슬러 올라가면 고대의 암각화가 남아 있다. 매끈하고 반듯한 바위 여기저기에 석탑, 부처상, 수레바퀴, 동물 등의 그림이 새겨져 있는 그야말로 한 폭의 암각화이다.

맨 처음 누가 이런 그림을 새겨 놓았을까? 무슨 신호나 약속의 표시일까? 그 옛날 낙타를 타고 이 곳을 지나가던 대상들 중 누군가가 긴긴 밤 달빛 아래 앉아 돌 위에 하나하나 새겨 놓고 그 다음엔 또 다른 누군가가 계속해서 그렸을 것으로 짐작해 보았다.

어떤 뜻으로 시작을 했건 이 지점이 기원전 1세기 전부터 낙타를 탄 대상들이 지나다니던 길이라는 사실 하나만은 명확하게 입증해 주고 있다. 벌거숭이 첩첩 산등성이와 인더스 강 상류가 온통 황토색 빛깔의 세상 뿐이다.

한낮의 태양 아래 벌판을 걷자니 달구어진 철판 위를 딛는 기분이다. 하늘의 태양과 땅의 열기가 어찌나 뜨거운지 더위에 약한 나로서는 정말로 견디기 어려웠다. 나무 한 그루, 풀 한 포기 없는 자연은 황토사막으로 뜨겁게 달구어져 숨이 턱까지 차오른다.

실크로드를 따라오는 동안 내내 보았던 돌가루와 석회암이 섞여 흐르는 듯한 그 회색 빛 강물이 여기서도 흐르고 있다. 강변에서도 자갈밭이 아닌 곳은 잿빛 밀가루 같은 바위가루가 겹겹이 쌓이고 쌓여 단단한 땅이 되어 있다. 그 신비한 미지의 땅에 발자국을 내딛기가 어쩐지 송구스러운 마음이 든다.

도로변 언덕배기에서 펑펑 솟아오른 샘물에 김이 솔솔 피어나며 인근 도

로를 흥건히 적시어 내린다. 노상
석회 온천수가 얇은 지표면을 뚫
고 솟아오른다. 식수로 사용하기
는 부적합하지만 각종 피부질환
에는 효과가 있다고 한다. 이 곳
사람들은 따뜻한 물을 '따또바니'
라고 부르며, 네팔에서도 '따또마
니' 라고 했던가! 비슷한 억양의
공통점이 있는 것 같다.

길기트-암각화를 찾아서

　몸 컨디션 상태가 예사롭지 않아 서둘러서 길기트에 오후 2시경 도착하
여 'Rupal Inn Hotel Gilgit' 에 여장을 풀었다.

　어제부터 몸살기와 식중독으로 인한 설사로 고생했었는데 더이상은 참고
견딜 수가 없을 것 같았다. 국립의료원을 찾아갔더니 현지 의사는 여행의
피로가 누적되었고 감기몸살과 설사로 인한 탈수현상이라 하였다. 이제 여
행의 시작인데 벌써 몸이 이렇듯 지쳤으니 앞으로의 여정이 어떻게 될지 걱
정스러웠다.

　파키스탄 국립의료원의 진찰료는 무료이고 약국에 들러 처방전대로 설사
약과 링게르를 사서 병원에 들고 가니 주사를 놓아 주었다. 링게르 주사를
맞는데 3시간 정도 소요된다 하여 주사기를 팔에 꼽고, 한 손으로 링게르
병을 들고 택시를 타고 호텔로 돌아왔다.

　병원 시설은 낙후되고 불결하였지만 의료진은 이방인에 대해 매우 친절
했다.

'길기트' 는 파키스탄 북부의 경제, 교통의 중심지이다. 현대화된 도시는 아니지만 예로부터 북부지방의 상업중심지로서 지금도 북부지방을 여행하는 사람들이 반드시 들려야 하는 곳이다. 교통의 중심지답게 많은 호텔과 시장, 상점들이 있다. 작은 도시임에도 꽤 혼잡하다.

실크로드 상으로는 중간 위치에 자리 잡고 있는 길기트의 바자르는 대상들이 물물교환을 하였던 곳이다. 그 옛날의 대상들의 발자취를 더듬으며 바자르 이곳저곳을 기웃거려 보지만 실감이 나지 않고 멀게만 느껴진다.

길기트는 경관이 그리 좋지 않아 오래 머물만한 매력은 없지만 교통이 편리하여 많은 여행자들이 이 곳을 기점으로 치트랄, 스카루두, 훈자 등을 여행한다. 카라코람 산맥의 중앙부에 있으며 주변이 높은 산들로 둘러 싸여 있다. 지구상에서 라카포시 산의 위용과 비교할 만한 곳이 그리 많지 않기 때문에 모험을 즐기는 여행자, 산악인 및 낚시 애호가와 문화에 관심 있는 여행자들이 주로 찾고 있다.

실크로드를 따라 중국에서 아라비아 해로 이어지는 길목에 있어 사나운 동물이나 정복자들로부터 방해를 받지 않기 때문에 상인들이 쉬어 가는 곳으로 발전하였다.

최근에는 항공기가 운항하고 있으나 기후에 크게 영향을 받는다고 한다. 길기트의 관광은 수령 300년이 넘는 나무들이 자라는 길기트 강변의 치나르바에서 시작했다. 아시아에서 가장 높은 길이 180m의 현수교를 걷는다. 내려다보기만 하여도 등골이 오싹 할 정도이어서 보통 강심장이 아니고서는 이 다리를 건너지 못한다. 더구나 다리 아래로 흐르는 물살을 보노라면 착시현상이 일어나 마치 다리가 흘러가는 것처럼 느껴져 불안한 공포에 휩

훈자-나가리베르

싸이게 된다.

카르가 계곡으로 이어지는 덜컹거리는 길을 달리면 어느새 커다란 석불 앞에 이른다. 언제 조각되었는지 알 수는 없지만 정교하게 조각된 불상 앞에서 옛사람들의 예술성을 느껴본다. 계곡으로 내려가니 양어장과 시골 마을 그리고 순박한 현지인의 해맑은 미소가 기다리고 있었다.

길기트를 출발한 버스는 세계적인 장수촌으로 알려진 훈자왕국을 향해 카라코람 하이웨이를 따라 달린다. 파미르고원 깊숙한 산 중턱에 자리한 훈자마을 어귀에 들어서자 숙소에서 짚차를 보내왔다. 워낙 가파른 산길을 사륜구동의 짚차로 10분 정도 올라가자 산중턱에 있는 'Hill Top Hunza' 숙소가 나타났다.

'훈자왕국'은 해발 6,000m 이상의 히말라야 고봉준령들이 산맥을 형성하여 감싸고 있어 아늑한 분위기의 명당자리로 기후도 온화한 편이다. 겨울에는 영하 20℃까지 내려가고 여름에는 30℃까지 올라가는 온도의 변화를 보인다. 해발 2,500m의 고지대에 위치한 훈자마을의 산소량은 16.5%, 습도는 50%로 사람이 살기에 적합하고 주변 경관 역시 아름다웠다.

훈자의 여인

훈자의 아이들

훈자마을의 조상은 알렉산더 대왕의 세 병사가 페르시아인 부인과 함께 이 곳에 정착하면서 시작되었다고 한다. 훈자 사람들은 지금도 얼굴 모습이 아리안계 특징을 고루 갖추고 있다. 이들은 만년설이 녹아서 흐르는 계곡물을 이용하여 계단식 밭농사와 가축으로는 양이나 염소를 방목하며 살아가고 있다.

장수촌인 훈자왕국에는 2001년에 109세의 노인이 세상을 떠난 이후, 현재 이 마을의 최고령자는 106세의 노인이란다.

세계의 장수촌을 살펴보면 하나 같이 '산 좋고 물 맑은 곳'이다. 구소련 그루지야공화국의 코카서스산맥 주변이나 남미 안데스산맥 주변, 일본 오키나와 등은 한결같이 맑고 깨끗한 물이 풍부한 지역이다. 영양·생활 습성·풍속 등도 장수에 큰 영향을 주지만 물은 기본에 들어간다. 좋은 물은 각종 전염병, 성인병의 예방과 치료에도 도움을 준다고 한다. 훈자마을 사람들도 중요시하는 것은 물이다. 히말라야의 만년설과 빙하가 녹아서 흘러내린 계곡 물이 이들에게는 천연의 미네랄워터이다. 물의 빛깔이 회백색으로 탁하여 불결해 보이지만 철이나 망간 같은 사람의 몸에 좋은 광물질이 다량 함유되어 있다.

훈자마을 사람들이 평소 먹는 음식은 밀가루로 만든 짜파티, 말린 콩, 갓 짠 우유, 식물성 기름, 설탕을 가미하지 않고 3개월 동안 자연 발효시킨 포도주, 요구르트에 양의 젖을 넣어 만든 랏시, 싱싱한 푸른 잎 채소 등이다. 다양한 과일을 껍질을 벗기지 않고 씨까지 즐겨 먹는다. 또한 겨울에는 말린 살구를 즐겨 먹고 살구씨 기름은 요리할 때마다 사용한다.

위) 훈자의 그릇들
가운데) 화덕에 굽는 반
아래) 반을 반죽

평균 연령이 100세가 넘고 남자는 90세, 여자는 70세에도 임신이 가능한 훈자마을의 현상을 학자들이 분석해 본 일이 있었다. 장수의 비결을 석회질 광천수를 마시고 채식위주의 식사와 고산지대 특유의 맑은 공기, 스트레스를 받지 않는 사회적 환경 등에서 찾았다.

이곳 사람들은 훈자가 지금은 파키스탄 영토로 귀속되었다 할지라도 자신들은 훈자 사람임을 자랑으로 여기며 살아가고 있다. 옛날 파키스탄에 병합되기 전에 독립된 왕국으로 아직도 자신들이 왕족이라고 자처한다.

지금도 훈자왕국에는 '발팃' 과 '알팃' 이라는 두 개의 고성이 남아있다. 이 중에서 알팃성만 일반에게 공개하고 있었다.

'알팃성' 은 일종의 요새로 절벽 위에 조그마한 크기로 티베트 건축양식을 모방하여 지어졌다. 목조 건물 내부는 계단식으로 설계되어 집무실,

훈자의 살구 말리기

연회실, 홀, 침실, 주방 등이 협소하게 꾸며져 있다. 연회실 바닥은 화려하게 카펫을 깔아 장식하고 벽에는 훈자왕국의 역대 제왕과 왕비의 초상화가 걸려있다. 탁자 위에 왕들이 사용했던 유품들이 가지런히 전시되어 있다.

성에 올라서면 절벽 밑으로 회색빛 훈자강이 굽이굽이 흐르고 있고, 강 건너에는 실크로드의 한 지류였던 카라코람 하이웨이가 끝없이 펼쳐지고 있다.

훈자마을의 토산품은 살구로 집집마다 살구나무를 정원수로 심은 듯 많다. 살구나무 가지마다 적황색 살구가 주렁주렁 탐스럽게 달려있다. 지붕 위에다 살구를 말리는 아낙네들의 손길이 분주하다.

건조된 살구는 빛깔에 따라 포장되어 장수 술로 알려진 살구술과 더불어 이 곳을 찾는 관광객들에게 인기가 있다. 훈자 사람들은 살구씨를 매일 10~20개씩 먹고, 음식물에는 살구씨 기름을 넣어서 먹거나 몸에 바른다. 살구씨를 연구하는 한 학자

훈자마을 바위산

에 의해서 암을 억제하는 효과와 탁월한 진통효과, 혈압조절, 조혈작용 효과가 발견되었다는 이야기도 전해지고 있다.

최근에는 훈자마을도 세속화되어 모두가 숙박업과 음식점, 기념품을 파

는 상점 뿐이다. 그러나 9·11 테러
사건 이후에 훈자마을을 찾아오는 관
광객이 줄어 생계유지가 어렵다고
현지 사람들은 하소연하고 있다.

훈자마을에서 반 나절 일정으로
'나가르 계곡'을 가려고 네 사
람이 짚차를 1,000Rs를 주고 빌렸
다. 꾸불꾸불한 산악도로와 밭두렁
밑으로 전개되는 아찔한 낭떠러지
를 내려다보니 짚차에 몸을 의지한

훈자-나가리베르

나는 전율과 흥분을 느끼지 않을 수 없다. 벌거숭이 민둥산 계곡의 개천을
건너 자갈길로 덜거덩거리며 뛰어가다 시동이 꺼지면 멈추어 서기를 반복

훈자에서 본 만년설

하면서 두 시간 만에 작은 마을에 도착하였다.

이 곳은 나가르에서 가장 경관이 아름다운 마을로 호파르 빙하의 계곡까지 트레킹 코스를 따라갔다. 과수원 살구나무에 주황색 열매가 감칠맛 나게 조랑조랑 달렸고, 오솔길 풀숲 사이엔 만발한 야생화가 바람에 나부끼며 코끝을 자극해 온다. 한 시간 남짓 가파른 등산로를 따라 가쁜 숨을 몰아쉬며 나가르 3,000m 산등성이에 올랐다.

눈앞에 펼쳐진 백옥같이 아름다운 장관은 자연을 시샘한 신선의 조화인가? 호파르 빙하계곡은 낭가파르 만년설로 병풍을 쳐놓고 세인에게 선계를 보여 주려는 듯 하였다. 낭가파르 만년설이 오랜 세월로 빙하가 되어 얼음의 무게로 비탈을 만들어 계곡의 깊이를 더해가고 있었다.

육안으로 볼 수 있는 거리에 프랑스의 10여 명 등반 원정대가 8,125m의

훈자-나가리베르의 설산

낭가파르 정상 공격을 시작한 모양
이다. 등산인이라면 누구나 한번쯤
은 오르고 싶겠지만, 비산악인도
도전하고 싶은 유혹의 욕구로 만용
을 부린다.

이제 돌아가면 다시 오지 못할
낭가파르를 배경으로 사진 몇 장을
촬영하고 하산길을 재촉하였다.

우리 일행이 탄 짚차가 훈자마을
에 되돌아 왔을 때는 이미 마을을

훈자 왕국(왕궁)

감싸고 있던 고산준령들의 그림자가 마을을 덮쳐 집집마다 불빛이 하나 둘
씩 밝혀지고 있었다. 한낮에는 그렇게 무덥더니 7월인데도 차가운 밤공기
가 폐부를 저리게 만든다.

하루의 피로를 달래기 위해 장수의 비결인 우유빛 광천수로 샤워를 하니
비누질이 겉돌아 몸체와 머리카락이 뻣뻣해지는 느낌이다. 광천수에 젖은
신체의 부위마다 수지침을 놓은 듯 따끔따끔한 경련이 일고 손발이 절여와
도 장수의 입문으로 생각되어 싫지가 않다.

훈자의 밤하늘 은하계는 조용한 정적을 깨고 빤짝이는 별빛 사이로 별똥
별의 레이저 쇼가 펼쳐져 장관을 이루고 있다. 신선한 공기는 맑다 못해 가
슴이 저릴 정도이다. 설탕처럼 달콤한 밤은 계속 이어지고 있다.

오호츠크해

바이칼
몽골
몽고고원
카자흐스탄
아랄해
탈라스
우루무치
고비사막
타슈켄트
카르기니니스탄
흑해
그루지야
아르메니아
아제르바이잔
투르크메니스탄
사마르칸트
고창
돈황
대한민국
동해
터키
카스피해
카슈카르
가욕관
서해
레바논
시리아
바그다드
테헤란
파미르고원
호탄
티벳고원
서녕
서안
지중해
이스라엘
에루살렘
마슈하드
아프카니스탄
히말라야산맥
티벳고원
란주
요르단
이라크
이란
카불
부탄
동중국해
쿠웨이트
파키스탄
라호르
중국
뉴델리
네팔
인도
아랍에미리트
오만
방글라데시
미얀마
라오스
사우디아라비아
타이
베트남
에멘
아라비아해
캄보디아
뱅골만
남중국해
말레시아
인도양
싱가포르

KASHGAR

카슈가르

눈앞에 병풍처럼 펼쳐진 해발 7,788m의 라카푸시, 울탄봉 등이 만년설
로 뒤덮여 아침 햇살을 받으며 서서히 어둠의 장막을 벗고 드러내는 모습은
'아! 태고의 신비가 바로 이런 것 이구나' 하는 느낌이 들 정도로 웅장하고
장엄하였다.

파키스탄 국경 훈자랍 패스

이른 아침 훈자 마을에서 쫓겨나듯
출발한 버스는 쿤자랍 고개를 넘어 중
국을 향해 가파른 오르막길을 달리고
있다. 빙하로 덮인 깎아지른 산봉우리
들 사이의 협소한 골짜기를 따라 산중
턱으로 난 도로를 가로질러 달린다. 버
스에서 아래쪽을 내려다보면 아찔한 천
길 낭떠러지이고 위쪽을 올려다보면 금방 무너져 내릴 듯한 깎아지른 절벽
뿐이다. 기사가 졸기라도 하면 바로 저승사자 따라 황천길이다.

이 카라코람 하이웨이는 중국과 파키스탄 합작으로 3,000명이 넘는 희생
자를 내면서 어렵게 건설한 도로이지만, 지금도 눈비만 내리면 하루가 멀다
하고 산사태가 끊일 사이가 없다고 한다. 그러나 자연의 수려한 절경은 끊
임없이 사람들을 불러 모으고 있다.

훈자왕국을 떠나 **'쿤자랍 패스'**(Khunjerab Pass)까지 파키스
탄 경찰의 무장경호를 받으며 무사히 도착하였다.

내가 파키스탄을 여행하며 느낀 점은 빈 라덴의 테러 조직이 외국인의 입
국을 막고 있어 경제적 어려움이 가중되고 있다는 생각이 들었다. 그 동안
실추된 국가위신과 사회 안녕 및 질서 회복을 위해 파키스탄 경찰이 앞장서

고 있는 모습은 다행스러운 일이다. 내
가 언제 또다시 무장경호 경찰의 신변보
호를 받으면서 다른 지역을 여행할 수
있겠는가? 개인적 차원에서 영원히 잊
을 수 없는 영광스러운 여행의 추억을
가슴깊이 아로새기고 떠난다.

카라코람 정상

10일 동안의 신변 경호에 감사하는 마
음의 정표로 '시계와 붉은 악마 티'를 기
념으로 주고, 같이 사진을 촬영한 후 아
쉬운 석별의 정을 나누었다.

파키스탄의 국경 마을인 쿤자랍 패스(Khunjerab Pass)에 도착한 후 출
입국 관리국에 들러 출국 수속을 마쳤다. 파키스탄 국경과 중국 국경 사이
만 왕복 운행하는 2대의 고물버스가 교통수단으로 이용되고 있다.

달리던 국경버스가 고도 4,800m라는 표석도 선명한 카라코람 정상의
파·중 국경 경계표석 앞에서 멈춰 섰다. 고도표석과 국경 경계표석을 배경
으로 기념사진을 촬영하라고 버스기사가 일부러 휴식시간을 준 것 같다.

밖에는 영하의 날씨로 제철을 만난 카라코람 산령들이 휘몰아치는 눈보
라 속에서도 장엄한 위용을 자랑하고 있다. 일행들은 며칠 전부터 카라코람
정상을 넘기 위하여 고산증 예방약을 복용했었다. 그러나 효과들이 없는지
뒷골이 땅기며, 손발이 저리고 구토에 시달리는 사람이 대부분이었다. 나
역시 약간의 고산증세를 느꼈지만 작년에 티베트에서 적응이 잘되었는지
다른 사람들에 비해 고산증을 견디는데 큰 어려움은 없었다.

지금까지 여러 나라를 여행하면서 국경선을 넘으면 국경초소와 출입국
관리국이 대부분 같이 있었다. 파·중 양국은 버스로 2시간 거리의 비무장

완충지대를 두고 그 사이에 국경초소를 두고 있는 점이 특이하게 느껴졌다.

중국 측은 입국심사와 세관원의 짐 검사가 여간 까다로운 것이 아니었다. 한 건 올리려는 수작인지 배낭을 완전히 비워서 샅샅이 들추어 보았다. 17-18세쯤 되어 보이는 국경초소 초병 놈은 여행객들이 탄 버스임에도 불구하고 마치 죄인을 다루듯 무례하게 가슴팍에 총구를 겨누고 눈알을 부라리며 여권을 거두어 가지고 내려간다. 국경에서 만난 관리놈들은 이것저것 꼬투리를 잡아 부수입을 올릴 생각에 여념이 없는 눈치였다.

DATE

중국 영에서 실크로드의 출발점은 서안이고 탁스쿠르칸은 마지막 지점이다. 그러나 나는 실크로드 코스를 파키스탄 라호르에서 시작하여 중국의 탁스쿠르칸을 거쳐 서안까지 역으로 거슬러 올라가고 있다.

불과 20여 년 전만 해도 낙타나 노새를 타지 않으면 넘지 못하던 파미르 고원을 지금 버스를 타고 달리고 있다. 파미르(Pamir)는 페르시아어로 '세계의 지붕'이라는 뜻이다. 천산 · 카라코람 · 쿤쿤 · 힌두쿠시 등 거대한 산맥들이 종횡으로 모여 형성된 고원지대를 말한다.

중국 변방의 소도시 '탁스쿠르칸'에는 오후 6시경에 도착하여 파미얼 빈관에 배낭을 풀고 저녁식사도 할 겸 시가지를 한바퀴 둘러보려고 호텔을 나섰다.

석탑이라는 의미를 가진 탁스쿠르칸은 인구 약 5,000명 정도가 모여 사는 중국의 마지막 변방 도시이다. 당나라 고종이 서돌궐을 정복하려고 군사령부를 설치했던 곳이다. 해발 3,600m의 고지에는 폐허가 된 토성만이 옛날을 짐작케 할 뿐 석탑은 사방을 둘러보아도 보이지 않았다.

탁스쿠르칸의 만년설

저 멀리 보이는 만년설이 녹아서 수로를 따라 이 곳까지 흘러들어 주민들의 생활용수로 쓰이고 있었다. 파란 하늘엔 뭉게구름으로 그린 추상화가 떠다니고, 설산을 배경으로 한 초원에는 빨간 스카프에 하얀 원피스를 차려 입은 소녀들이 양의 무리를 뒤따르고 있다.

8월 초순인데도 저녁 바람이 춥게 느껴져 긴 바지와 남방을 챙겨 입고 시내를 나왔지만, 대부분의 상가가 철시되어 길거리가 어둡고 한적하여 쓸쓸하게 느껴졌다.

열번째 날

탁스쿠르칸을 다시 찾아온다는 기약도 없이 9시 30분, 중국의 서쪽 끝자락에 자리 잡고 있는 실크로드 중심지 카슈가르를 향해 버스가 서서히 움직였다.

카라코람 하이웨이를 파키스탄 쪽에서 좁은 계곡을 따라 올라왔다면, 중국 쪽은 파미르고원의 능선을 따라 포장이 잘 된 도로를 달려 내려갔다.

버스기사에게 가는 도중 풍광이 좋고 카메라 촬영 포인트가 될만한 지점에서 휴식시간을 가지며 서서히 가주기를 미리 부탁을 해 두었다. 7,000m가 넘는 천산 산맥과 곤륜산맥을 가까이 바라보며 '파미르고원'을 달렸다.

광활한 벌판 분지에 무스타그산(7,540m) 만년설이 녹아내려 카라쿠리호수(3,100m)를 만들었다. 설봉이 뭉게구름을 이고 호수에 비친 반영이 한 폭의 그림처럼 장관을 이루고 있다. 호수 옆 넓은 초원에는 키르키스족들이 낙타와 말을 방목하고 있다. 이들은 여름에는 초원을 찾아 이 곳까지 왔다가 10월이 되면 다시 산을 내려간다고 한다.

얼마를 달리다 보니 도로 중간 중간에 산사태가 발생하여 자동차를 일방통행 시키며 수백 명의 노동자들이 도로보수공사를 하는 모습을 자주 볼 수

파미르 고원

파미르 설봉

있다. 계곡의 지반이 사질토에 섞인 푸석 돌이 비바람에 줄줄 흘러내린 것 같다. 험준한 도로를 따라가다 보면 황량한 벌거숭이 민둥산을 누가 저렇게 물감을 뿌려서 아름다운 천연색으로 연출해냈는지 궁금해진다.

파미르의 산하

적황색의 고운 밀가루를 뿌린 사막의 벌판이 산등성이로 한없이 펼쳐지고 조금 더 가면 검은 색, 분홍색, 황토색, 청록색, 은백색의 설봉까지 완전히 총천연색으로 이어지는 이 자연의 경치는 얼마나 아름답던지.

버스가 도로변 위구르족 8가구가 모여 사는 마을 앞에 멈추었다. 코흘리개 어린아이부터 노인에 이르기까지 마을 주민 50여 명이 환영이라도 나온 듯 괴성을 질러댄다. 손에는 옥으로 조잡하게 만들어진 목걸이, 팔지 등의 장식품을 들고 팔러 나온 환영객들이다. 마을 앞에서 무너진 도로축대를 쌓

위구르족

위구르족은 여러 면에서 다채로운 민족이다. 대개의 마을에 사는 대개의 남자들은 밝게 수 놓은 돕바라는 모자를 쓰고, 여자들은 밝은 색깔의 스커트와 옷을 입는 데 종종 독특한 무 늬로 된 비단옷을 입곤 한다.

무슬림이지만 대부분의 여자들은 얼굴을 가리지 않고 중동의 무슬림처럼 보수적인 스타일의 옷도 입지 않는다. 카스 같은 남쪽의 큰 도시에서는 얼굴을 가린 여자들이 종종 있다. 중국 인들의 영향이 있었겠지만 대부분의 위구르인들은 서구식 옷을 입는 편이다. 위구르인들은 중국 사람들과 비교해 볼 때 상당히 키가 크고 코카서스 계통의 특징을 지녀 갈색 혹은 검 은색 머리카락과 갈색의 눈과 매부리코에 밝은 피부색을 가지고 있다.

위구르인들은 고기를 상당히 많이 먹는데 기름기 있는 음식을 많이 먹어서 중년이 되면 풍 채가 당당해 진다. 특히 양고기를 좋아하여 버리는 부분 없이 허파, 내장에 이르기까지 모두 요리하여 먹는다.

위구르인들이 가장 좋아하는 음식은 '레그맨'이라고 부르는 것으로 면에 야채와 고기를 잘 게 썰어 넣은 음식으로 우리의 볶음밥과 비슷한 음식이다. 그리고 시장에 가면 닭꼬치와 비 슷하게 생긴 양고기로 만든 '케밥'과 '난'이라고 불리는 둥글고 납작한 빵이 있다. 대체로 이들의 음식은 향료를 넣고 마늘, 양파를 넣어 요리한다. 얼음 설탕이나 각 설탕을 넣은 뜨 거운 차를 그릇에 담아 상당히 많이 마신다.

위구르인들의 중요한 예식은 할례의식과 결혼식이다. 이 때에 큰 파티를 열어 수백 명의 손 님들을 초대하곤 한다. 모든 손님들에게 과자와 음료수, 음식을 제공하고 전통 위구르 음악 을 연주하여 흥을 돋운다. 공적인 절차와 광고를 마친 뒤에 춤추기 시작하여 밤늦게까지 파 티가 계속된다. 이슬람교에서는 술을 금지하고 있음에도 불구하고 이러한 파티동안 상당한 양의 술을 마신다.

고 있는 노동자의 일하는 모습은 보기에 답답할 정도로 '만만디'이다.

위구르족은 돌로 벽을 쌓아 만든 주택에 사는데 출입구 하나에 조그마한 창문이 하나 나 있다. 실내 구조는 외양과 달리 원룸으로 지면에서 두 자 정 도의 높이로 마루를 깔고 바닥과 벽에는 자극적인 화려한 원색의 양탄자를 두툼하게 깔고 쳐놓았기 때문에 실내 분위기는 아늑하고 포근한 느낌이었다.

10여 명의 대가족이 하나의 침실에서 어려움 없이 생활하고 있는 모습이 었다. 주방에는 화덕과 식탁도 놓여 있어 모든 생활이 원룸에서 이루어지고 있었다. 식사는 밀가루로 난(호떡)을 굽고, 삶은 양고기에 만두와 면을 곁들 여 먹는 모습이 풍성해 보이고 맛도 좋았다.

여인들은 머리에 빨간 스카프를 두르고 상의는 티셔츠, 하의는 스커트를 입고 있었다. 여인들이 스커트 관리가 부실하여 앉으면 팬티가 그대로 노출되어 오히려 남자인 내가 민망해진다. 아낙네들은 팬티가 보이건 말건 그런 건 의식도 하지 않았고 예쁘게 사진만 찍어달라고 포즈를 취한다. 위구르족의 풍습은 자기 집에 귀한 손님이 오면 아내에게 손님과 잠자리를 같이 하도록 하고 남편은 다른 곳에서 하루 밤을 보낸다. 손님이 아내와 동침을 거절하면 주인의 호의를 무시했다 해서 바로 쫓겨간다고 한다. 지금도 그런 풍습이 내려오는지 알 수 없지만, 오늘 이 마을 남편들은 그런 요청을 하지 않는 것으로 보아 나는 귀한 손님이 아닌 것 같다.

또 한 가지 특이한 것은 이 마을에는 화장실이 따로 없다. 볼 일을 보는 곳이 화장실이 되고, 화장지도 따로 필요로 하지 않는다. 언제인가는 이런 오지 마을도 환경개선이 이루지기를 기대하면서 순박한 주민들과 짧은 만남 뒤의 이별이 오랫동안 정이 든 것처럼 서운하게 느껴졌다.

탁스쿠르칸을 출발한 버스는 실크로드에 펼쳐진 수려한 경관에 넋 나가게 하였고 때로

맨위) 위구르족의 주택
두번째) 위구르족의 침실 및 거실
가운데) 위구르족 여인들
아래) 위구르족 아이들

는 아슬아슬한 스릴을 맛보며 석양의 노을을 바라보며 카슈가르에 당도하
였다. 숙소는 비교적 시설이 잘 갖추어진 색만빈관에 여장을 풀고 오랜만에
따뜻한 물로 목욕하고 단장도 했다.

카슈가르를 다녀온 여행자들이 인터넷에 많이 소개한 카페를 찾아 나섰
다. 호텔 로비에 카페의 위치를 물어보니 색만빈관에서 아주 가까운 거리에
있단다. 노천카페는 세계 각국에서 온 배낭 여행자로 자리가 채워져 시끌벅
적한 것이 인종 시장처럼 보인다.

다섯 사람이 테이블 하나를 잡아 각자 다른 메뉴의 요리와 맥주를 주문하
였다. 얼마 후 푸짐한 요리와 시원한 맥주가 나오며 분위기가 무르익어 우
리도 그들과 함께 동화되어 버렸다.

열한번째 날

카슈카르에서

'카슈가르'(Kashgar)는 신강성
위구르족의 자치구로 카슈가르강 상류
파미르고원의 북동쪽 기슭에 위치하고
있다. 타림분지 서쪽에 위치하는 오아시
스 도시로 예로부터 동서교역의 중심지
로 번영하였다. 카슈가르는 중국 실크로
드에서 가장 서쪽에 자리 잡고 있는 2천
년 이상의 역사를 가지고 있는 도시이다.

카슈가르는 위구르어로 '여러 색깔의 집'이라는 뜻이다. 한자로는 객십
(喀什)만을 불러서 커스라 한다. 그러나 현지인이나 모든 여행자는 카슈가

르라고 부르고 있다. 신강성 주도인 우루무치(烏魯木齊)와의 거리는 96km 떨어진 곳에 있다.

주민은 위구르족 ·한족(漢族)을 비롯하여 총 17개의 소수 민족이 거주하고 있다. 전체 인구 중 위구르족이 75.5%를 차지한다. 그래서 카슈가르는 중국이라기보다는 중동지역의 이슬람 국가에 와있는 것처럼 착각을 일으킬 정도이다. 특히 그들의 생활양식과 외모가 중국인과 전혀 다르므로 중동에 가까운 이미지이다.

최근 변방의 소수 민족이 많이 거주한 지역에서는 분리독립을 외치고 있어, 중국의 중앙 정부에서 이들 지역에 한족 이주정책을 쓰고 있다.

어제 밤 노천카페에서 너무 분위기를 잡아서인지 머리가 아프고 콧물이 계속 흘러 깊은 잠을 이루지 못하여 아침에 일찍 일어날 수가 없었다. 그동안 설사로 고생하다가 겨우 나으려니 이제 감기 몸살기로 인해 몸 컨디션이 좋지 않았다. 레스토랑에 들러 흰 쌀죽으로 아침식사를 대신하였다.

호텔에서 두 정거장 거리에 있는 버스터미널까지 걸어가서 20번 시내버스로 시가지 동쪽 4km 지점에 위치한 '향비묘'(香妃墓)를 찾아갔다. 1640년 카슈가르의 정치·종교의 실권자였던 아바호자가 부친을 위해 세운 것인데, 이 후에 호자(Hoja) 가족 5대 72명과 청나라 때 북경까지 끌려갔다 죽은 향비를 안치한 묘이기도 하다. 위구르족들은 지금도 이 묘지를 성스러운 곳으로 생각하고 있으며, 죽어서 이 곳에 묻히는 것을 영광스럽게 생각하고 있단다.

청나라 건륭제가 어느 날 꿈 속에서 아름다운 한 여인을 만났다. 꿈에서 깨어난 황제는 온 세상을 수소문해 바로 카슈가르에서 그 여인 호자를 찾았다. 황제는 몸에서 항상 향기가 감돌았다는 호자를 궁궐로 데려와 향비로 삼으려 했다. 그러나 호자는 황제의 청을 끝내 거절하고 언제나 창가에 서

카슈카르의 향비묘

서 두고 온 고향만을 그리워하였다. 건륭제의 구애를 끝내 거절하다 황태후의 미움을 받아 29세의 나이로 죽임을 당하였다. 그 후 고향에 대한 연민의 정을 기려 호자가의 무덤에 안치되었다는 이야기에서 유래한다.

향비묘는 정사각형 건물로 중앙에 설치된 커다란 돔과 네 기둥을 받치고 올라간 작은 돔으로 꾸며졌다. 사방 벽면에 녹색 타일이 부착되어 있고 정원에는 붉은 장미꽃이 활짝 피어 아름다운 조화를 이루고 있다. 돔 내부는 호자 가족의 묘 73기가 반원모양으로 형형색색의 천을 덮어 장식되어 있고, 묘마다 조화와 주인의 이름이 적혀 있다.

묘 규모가 꽤 큰 이곳의 정면 상단은 노란색 천을 곱게 두르고 꽃송이로 잘 장식되어 있으며, '향비호자' 라고 쓰여 있어 쉽게 찾을 수 있다.

향비묘에서 '일요시장'(Sunday Bazar)까지는 도보로 40분 정도가 소요되는 거리이다. 조랑말이 끄는 마차에 10여 명이 올라타니 조랑말이 휘청거리며 가는데, 그 모양이 안스럽다. 지나가는 사람들이 마부에게

카슈바르 바자르의 시장

카슈카르 바자르의 이발소

무어라고 하는지는 몰라도 그래도 마부는 기분이 좋은 모양이다.

일요시장은 세 블록으로 구분되어 평소에는 그냥 큰 길과 공터였던 곳이 일요일만 되면 상상을 초월할 정도로 엄청나게 많은 사람들로 북적댄다. 타지크 공화국과 키르기스 공화국에서도 국경을 넘어오고, 각처에서 모여드는 유목민들로 평소 때보다 유동인구가 3배로 불어난다고 한다.

마침 오늘이 일요시장이 열리는 날이다. 장이 서는 모습은 그야말로 장관이다. 당나귀 마차의 행렬, 터번을 두른 남자들, 스카프나 베일을 두른 여자들, 코흘리개 아이부터 할아버지까지 각양각색의 사람들이 구름처럼 모여드는 소수민족 시장인 셈이다.

양을 끌고 나온 할아버지, 닭 몇 마리를 앞에 놓고 있는 할머니, 노상에 수박과 참외를 산더미처럼 쌓아 놓고 팔고 있는 아저씨, 옷가지를 파는 아가씨, 대마초 씨앗을 팔고 있는 젊은이, 헌 신발을 파는 소년, 길거리 이발소, 재봉틀 하나 놓고 수선하는 곳, 대장간, 액세서리, 노변식당, 시장에는 고급 상품은 아니지만 이 곳에서 생산되는 물건들이 가득해 도대체 없는 게 없다.

상점을 기웃거리며 지나가면 상인들이 옷자락을 잡아당기며 물건을 팔려는 갖가지 작전을 쓰고 있다. 이방인이 어쩌다 물건값을 물어보면 터무니없는 값을 요구한다. 일행들이 시장을 돌아다니며 같은 종류의 나이프를 구입

카슈바르 바자르의 수선

카슈카르 바자르의 대마초씨

했는데도 각자 구입한 값이 달랐다.

나이프 하나 값이 바가지를 쓴 경우는 200위안, 싸게 구입한 경우는 20위안을 주었다. 처음 물건을 사는 사람이 값 흥정을 잘 해야 다음 사람이 바가지를 쓰지 않았다.

좁은 시장통로 음식점은 밖에다 탁자를 벌려 놓고 다섯 살쯤 되어 보이는 꼬마 녀석이 많은 사람들 앞에서 면발을 실타래처럼 가늘게 뽑는 솜씨를 자랑하는데 묘기에 가까웠다. 점심은 서민들이 주로 먹는 삶은 양고기를 국수 위에 올려 내왔는데 그 맛이 일품이다.

카슈가르의 꼬마

이 곳은 이슬람 문화권이라 생활 자체가 한족과 다르고 시장에서 본 사람들도 위구르족이 대부분이었다. 여자들은 정도의 차이는 있지만 머리에 히잡을 쓰고 아예 얼굴을 가리고 다닌다. 얼굴 노출이 적을수록 엄격한 이슬람 가정이라 한다. 얼굴을 어느 정도 가리느냐에 따라 그 집안의 가풍을 알 수 있다는 사실이 흥미롭다.

인민광장의 마오쩌둥 동상

　　카슈가르 도심지 풍경을 두리번거리며 걷다보니 넓은 '인민광장'까지 왔다. 광장 길 건너편에는 중국 대륙을 호령하던 마오쩌뚱의 동상이 인민들의 환호에 답하듯 오른손을 높이 올려 흔들고 서있다. 광장은 분수대와 아치형 다리가 설치되었고 주변은 화려한 꽃으로 꾸며졌다. 이 곳을 찾는 많은 시민들이 마오쩌뚱 동상을 배경으로 기념사진을 촬영하는가 하면, 벤치에 앉아서 한가롭게 사랑을 속삭이는 연인들도 많이 눈에 띄었다.

　　어제 밤에 들렸던 노천카페는 오늘도 여행자들로 만원이고 우리 일행들 대부분이 나와서 맥주를 마시면서 오늘 있었던 일과에 대해서 환담하고 있었다. 일행들에게 오늘 저녁식사와 맥주는 내가 쏘겠다고 하니 모두 박수를 치며 좋아한다. 열 명이 먹고 마셨는데도 음식값이 비싸지 않아 200위안(32,000원)이 나왔다.

인민광장

열두번째 날

　　여행을 하다보면 오라고 기다리는 사람도 없는데 갈 곳은 왜 그렇게 많은지 혼자 바쁘게 서두르는 경우가 많다. 그러다 보면 무리하여 힘든 여행을 할 수밖에 없다. 그동안 많은 나라를 여행했었지만 몸이 아픈 적이 없었는데, 이번 여행은 이상하게 몸도 아프고 컨디션도 좋지 않아 걱정이 된다. 여행 일정을 무리하게 잡지 않고 휴식하는 마음으로 천천히 움직이기로 마음먹었다.

아침에는 숙소 가까이 있는 **'에이티가르 사원'**으로 산책을 나갔다. 17세기에 창건된 건물로 이슬람교 대학으로 쓰던 서역 최대의 이슬람 사원이다. 사원의 돔이나 기하학적인 무늬, 터번을 쓰고 기도하는 모습이 이색적이다. 반바지와 어깨 패인 티를 입거나 터번이나 스카프로 머리를 가리지 않으면 사원 안으로 들어 갈 수 없다.

매일 오후 3시가 되면 어김없이 수천 명의 신도들이 모여들어 기도를 한다. 사원의 명성과는 달리 건물 관리가 소홀하여 별로 볼품이 없어 입장료가 아깝다는 생각이 들었다.

에이티가르 사원

카슈가르도 원래는 불교도들이 많이 살았으나 10세기에 서아시아로부터 들어온 위구르족에 의해 중국에서는 최초로 이슬람화된 지역이다.

600년 전 베네치아에서 중국으로 오는 도중 이 곳을 방문한 마르코폴로는 『동방견문록』에서 '이 지방은 매우 크며 도시와 성이 많은데 그 중에서도 카슈가르는 가장 크며 또한 중요하다. 주민

카슈가르의 사원

들은 마호메트를 믿고 특유한 언어를 쓰며 상업과 제조업으로 생활한다. 이 지방 상인들은 세계 각지를 찾아다니며 장사한다' 고 썼다.

오늘 저녁 21시 20분발 '우루무치' 행 비행기를 타기 위해 숙소에 돌아와 배낭을 꾸리고, 우루무치에 관계된 여행 자료를 들추어 보며 충분한 휴식 시간을 가졌다. 오후 6시에 카페에 들러 이른 저녁식사를 마치고 공항으로 나갔다. 우루무치행 여객기는 출발 예정시간을 몇 차례 연기하더니 다음 날 01시 40분이 되어서야 겨우 출발하였고, 03시 15분에 우루무치에 도착하였다.

우루무치가 고요히 잠든 새벽 시간에 공항을 출발한 자동차는 넓고도 일직선으로 잘 닦인 공항로를 따라 30분 만에 Yilong Hotel에 도착하였다. 실크로드상의 고대 도시 정도로만 여겼던 우루무치가 계획된 신흥도시처럼 잘 정돈되어 있고 깨끗한 느낌이어서 의외였다.

바이칼
몽골
몽고고원
고비사막
카자흐스탄
우루무치
대한민국
동해
아랍해
타슈켄트
탈라스
고창
돈황
서해
흑해
그루지야
카스피해
카르기니스탄
카슈카르
가욕관
아르메니아
아제르바이잔
투르크메니스탄
사마르칸트
대한민국
동해
터키
파미르고원
지중해
레바논
시리아
바그다드
테헤란
마슈하드
아프카니스탄
호탄
티벳고원
서넝
란주
서안
이스라엘
예루살렘
이란
카불
히말라야산맥
동중국해
요르단
이라크
쿠웨이트
파키스탄
라호르
네팔
부탄
중국
뉴델리
인도
아랍에미리트
오만
방글라데시
미얀마
라오스
사우디아라비아
아라비아해
뱅골만
타이
캄보디아
베트남
에멘
남중국해
말레이시아
싱가포르
인 도 양

URUMQI

우루무치

열세번째 날

위구르어로 '아름다운 목장'이라 불리는 **'우루무치'**(Urumqi : 烏魯木齊)는 중국의 자치구 중 최대의 면적(1/6)과 인구 1,700만 명이 살고 있는 신강성(新疆省) 위구르 자치구의 성도로 천산 산맥(天山山脈)의 북쪽 기슭에 자리 잡고 있다.

남으로는 타클라마칸 사막과 곤륜(崑崙)산맥이 이어지고, 서쪽으로는 이녕(伊寧)이나 카슈가르를 거쳐 소비에트 연방과 파키스탄 국경과 접하고 있다. 초원기후로 목축이 주산업을 이루던 시대에서 벗어나 석유, 석탄, 철 등의 지하자원을 개발해 급속히 산업화가 진전되고 있는 신흥공업도시이다. 그러나 교외로 조금만 나가면 아직도 넓은 초원에서 낙타와 말들이 한가롭게 풀을 뜯는 모습을 볼 수 있다.

우루무치는 바다로부터 2,500km나 떨어진 실크로드상의 오아시스로 인구 120만 명이 살고 있는 서역 최대의 도시이다. 이 곳은 예나 지금이나 실크로드를 찾는 모든 여행자들이 한숨 돌리며 쉬었다 가는 여행지이다.

우루무치의 첫 여행 일정은 천산 산맥 중턱에 자리 잡은 천산 천지를 둘러보고 오는 일이었다. 천산 천지까지는 115km, 버스로 2시간 30분이 소요되는 거리였다. 호텔에서 조금 늦게 출발한 버스가 시내 중심가로 들어서자 이른 새벽에 보았던 것과는 달리 교통이 매우 혼잡하였다. 버스기사의 운전 솜씨가 미숙한지 옆을 달리는 다른 차와 몇 차례 접촉사고를 내며 승객들의 마음을 졸이게 한다. 어렵게 시내를 빠져 나온 버스가 고속도로로 접어들자 눈 덮인 천산 산맥을 바라보며 거침없이 질주하였다.

주차장에는 천지를 보려고 중국 각지에서 몰려든 관광객을 태운 버스로 장사진을 이루고 있다. 매표소에서 티켓(60위안)을 끊어 천지 중턱까지는

케이블카(15위안)로 올라간다. 케이블카에서 내리면 마차나 케이블카 차(5
위엔)를 타고 천지까지 가는 코스로 연결되어 있는데 관광수입을 올리는데
초점이 맞추어진 듯한 느낌이 들어 조금은 불쾌했다.

천산으로 올라가는 기슭에 정상인 박격달봉(5445m)의 설산이 바라보이
는 해발 2,000m 고지에 호수가 마치 한 폭의 그림처럼 조용히 펼쳐져 있
다. 호수를 덮듯이 우거진 숲과 비취색의 물빛이 조화를 이루어 가히 하늘
의 연못이라고 할 만큼 아름답다. 남북의 길이 3㎞, 동서의 폭이 약 1㎞, 면
적은 5㎢ 정도인 이 호수는 박격달봉 정상에서 만년설이 녹아내린 물이 고
여서 만들어졌다.

사진으로 천지를 보았을 때는 주변의 나무가 정말 푸르고 아름답다고 생
각했는데, 화산 활동으로 생긴 백두산의 천지와 비교하면 중량감이 약간 떨
어진 느낌이다. 천지의 주변은 진귀한 모양의 바위, 오랜 수령을 가진 전나

천산천지

천산천지

무와 소나무, 떡갈나무들이 무성하게 자라고 있다.

천지에서 흘러내린 물이 소천지(小天池)를 이루는데, 동소천지(東小天池)와 서소천지(西小天池)로 구분되어 아래로 흘러 폭포를 이루고 있다.

전설에 의하면 "옛날 주나라의 목왕이 서역 정벌에 나서 이 곳을 지나가다 잠시 호숫가에서 쉬고 있는데 호수 한 가운데서 파문이 일고 있는 것을 보았다. 기이하게 여겨 눈을 크게 뜨고 자세히 보니 천산의 눈보다 흰 한 아름다운 여인이 목욕을 하고 있었다. 이 여인은 이곳을 지배하던 서왕모로 목왕은 이 여인과 사랑에 빠져 서역정벌을 포기하고 돌아갔다"는 이야기가 전해오고 있다.

1인당 20위안씩 내고 쾌속보트를 타고 호수를 한바퀴 도는데 5분 정도 시간이 소요되었다. 잔잔한 호수를 가로지르는 보트가 물보라를 뿌리며 쏜살같이 질주하여 시원한 바람을 일으킨다. 호수가 명경지수로 손을 담그니 만년설이 녹아 내린 물이라 손가락이 떨어져 나갈듯이 차갑다.

호수 위쪽 언덕에는 카쟈흐족이 살고 있는 마을이 있었다. 이들은 이 곳의 관광객을 상대로 이제는 半상업, 半유목의 생활을 하고 있었다. 이 곳에는 이들이 천상(天山)의 특산품인 설연(雪蓮)을 파는 것을 자주 볼 수 있다. 설연은 진귀한 야생 약용식물의 일종이다. 해발 2800~4000m 사이의 눈 덮인 산에서 자라며 영하 20도의 엄동설한도 견딜 수 있고, '통경활혈, 거풍제습'(通經活血, 祛風除濕)의 약효가 있다고 한다. 현지 유목민이 신선한 말 젖을 한 컵 주며 먹어 보란다. 독특한 맛이 새콤달콤하여 입에 짝 달라붙는다.

오후 3시쯤 돌아오는 길에 '신강성 자치구'가 관리하고 있는 박물관을 보려고 찾아갔다. 우루무치 시내 서 북로에 위치한 박물관으로, 신강 자치구 내에서 출토된 여러 가지 유물들을 전시하고 있다. 이슬람 양식의 모스크 건축 외관이 인상적이며, 약 2,000점의 자료를 보관하고 있다.

각종 비단제품과 문서들, 신강성에 살고 있는 12개 소수민족들의 풍속, 주택, 의복 등 책에서 접했던 실물들이 모두 이 곳 박물관에 보관되어 있었다. 동서 교류의 한 증거로 페르시아 및 로마의 옛날 화폐 등도 보인다. 특히 3,200여 년이나 되었다는 여자 미라를 비롯한 10구의 미라들, 실크로드에 관련된 문서와 유물 및 누란고시(樓蘭古尸)의 전시실이 가장 진귀하다.

관람을 대충 마치고 전시실을 나오는데 두 아가씨가 반갑게 인사를 한다. 전주에서 초등학교 교사로 근무 중이며, 방학기간을 이용하여 실크로드를 여행하기 위해 나왔다고 한다. 여자 둘이서 여행을 다니니까 찝쩍거리는 놈도 많고 택시를 타도 기사 놈이 바가지 요금을 요구한다고 하소연한다. 아가씨들과 여행지가 정반대 코스로 내가 지나온 곳을 아가씨들은 가야 되고, 아가씨들이 거쳐 온 곳을 내가 가야 된다. 그래서 지나온 곳에 대한 서로 정보를 알려주고 앞으로 남은 일정을 잘 보내기를, 좋은 여행되기를 기원하며 호텔로 돌아왔다.

호텔 현관 밖 노변에 커다란 천막을 치고 30m 정도 되는 긴 테이블 위에 100여 개 되는 접시마다 가격표를 붙여 제각기 다른 음식을 진열해 놓았다. 손님이 많은 접시 중에서 하나를 골라 종업원에게 부탁하면 그 접시를 가져가서 요리를 해 온다. 혼자서 가는 것보다는 4~5명이 같이 가서 서로 다른 음식을 고르면, 훌륭한 만찬을 즐길 수 있으며 시원한 맥주로 여행의 피로를 풀 수 있다.

만찬 후에 야시장 구경을 나갔다. 우루무치 시내는 조금만 걸어가도 시장

위) 우루무치의 의룡호텔
아래) 야간 노상

이라고 쓴 간판이 많이 걸려있다. 시내 동쪽에 위치한 이도교(二道橋) 시장은 민족토산품 상점이 집중되어 있는 곳이다. 원색의 민족의상을 입은 위구르족들을 시장 여기저기서 만나 볼 수 있었다. 양탄자와 구리 그릇, 민족 토산품 등이 상점마다 가득하다. 야시장 골목을 누비며 망고나 꼬치구이를 맛보고, 민속 공예품을 흥정하는 재미도 하나의 추억으로 기억될 것이다.

밤거리의 야경을 보며 현지인들의 삶의 보금자리인 주택가로 접어들자 주민들이 길거리로 나와 편을 나누어 내기 장기를 두고 있었다. 구경꾼에 둘러싸여 땀을 뻘뻘 흘리며 장기를 두는 사람이나 구경꾼 모두가 웃옷을 입은 이가 하나도 없다. 중국 사람들은 더위를 많이 탄다기 보다는 습관적으로 상의를 입지 않고 손에 들고 다니는 경우를 많이 본다.

다른 한 쪽은 골목길에 TV수상기를 내다 놓고 동네 주민들이 모두 나와 연속극을 보고, 애들은 밥그릇을 들고 먹으며 시청하는 모습이 우리네들이 60년대 초반에 '여로'를 보던 시절의 모습이 떠오른다.

미장원 앞을 지나려니 아가씨가 나와 마사지나 받고 가란다. 미장원은 미용사를 7명이나 두고 있지만 손님은 세 사람 뿐이다. 디지털 카메라로 아가씨들 사진을 찍어서 보여 주었다. 자기들 사진을 즉석에서 보는 순간 미장원이 떠들썩해졌다. 주변 점포에서도 달려 나와 사진을 찍어서 보여 달라고 아우성이다. 디지털 카메라 덕분에 마사지도 공짜로 받았다.

한 친구가 디지털 카메라에 관심이 생겼는지 이것저것 물어보고 최종적으로 값을 얼마나 주면 살 수 있느냐고 물어본다. 미국 돈으로 1,500달러를 주면 살수 있다고 했더니 디지털 카메라를 자기에게 팔라고 조른다. 자기 승용차와 호주머니에서 꺼낸 돈을 보여주며 교환을 하자며 자동차 키를 내 손에 쥐어준다. 이 광경을 지켜본 주위 사람들도 바꾸어 주고 한국에 가서 다시 구입하라는 눈치이다.

그러나 앞으로도 여행 일정히 많이 남아 곤란하다며 거절했다. 여행을 다니다 보면 별의별 사람을 다 만나게 되고, 이렇게 해서 즐거운 여행의 추억거리가 만들어진다.

열네번째 날

새벽같이 기상하여 '홍산공원'(紅山公園)을 조깅으로 올랐다. 가벼운 조깅으로 올라가기 좋은 산이었다. 이 산은 우루무치 중심부에 위치한 산으로, 크고 작은 암벽으로 이루어져 있는데 이 암벽의 표면이 붉기 때문에 붙여진 이름이다. 산머리가 마치 호랑이 같고, 암벽이 붉은 색이어서, 호두산 또는 홍산취이라고도 불린다.

홍산은 산세가 동 서쪽으로 향해 있고, 주봉은 해발 1391m이다. 산 위에는 1788년에 만들어진 9층 높이의 진용탑이 있다. 그리고 산기슭에는 인민공원이 조성되어 있는데, 공원 안에는 누각이나 정자 등이 세워져 있기 때문에 많은 사람들이 휴식처로 이용하고 있다.

근래에는 청나라의 민족 영웅인 칙서(則徐)의 돌 조각상과 홍산의 녹화를 기념하는 조각이 각각 세워졌다. 홍산 정상의 '원조루'에 오르면 시내의 모습을 한 눈에 바라볼 수 있다. 안에는 호수가 있어 패달오리나 배도 탈 수 있고 낚시도 할 수 있다. 또한 찻집도 있어 잠깐 휴식하기에 좋았다.

우루무치에서 남쪽으로 75km떨어진 곳에 있는 카쟈흐족의 방목지로 **'남산목장'**이 있다. 버스로 2시간 정도를 달려 천산 줄기인 아늑한 골짜기 아래에 자리한 남산목장에 도착하니 수많은 관광객들로 장사진을 이루고 있다. 마부들이 수백 마리의 말과 마차 사이로 분주히 오가며 승마손님 끌어 모으기 경쟁에 여념이 없다.

남산목장 입장료 20위안과 승마비 35위안을 지불하니 넘버가 부착된 승마 채찍을 넘겨준다. 목장 관리인에게 승마채찍 넘버를 보여주면 말을 끌고 나와 말고삐를 넘겨준다. 말에 올라 몰이꾼을 앞세워 험준한 계곡을 지나 천산 폭포까지는 약 2시간 정도의 승마의 스릴을 느껴본다. 말이 계곡

남산목장의 게르

남산목장

을 따라 언덕을 오르내리자 기우뚱
거리면 중심을 잃어버려 떨어질 뻔
했다.

남산목장의 승마

  십년감수하는 마음으로 폭포를
향했다. 그러나 폭포는 30m 높이
의 계곡에서 쏟아지는 물줄기로 기
대에 미치지는 못하였다.

  남산목장의 하늘은 구름 한 점 없이 청명한 날씨로 비취색을 띠고 있으
며, 목장 풍경은 그림 같은 아름다운 초원이다. 산등성이 언덕 아래 여기저
기에 카쟈흐족들이 모여 사는 천막주택인 둥근 파오가 많이 보인다. 이 곳,
이 때묻지 않은 유목민의 보금자리로 오염되지 않은 공기와 물, 싱그러운
바람은 이들만이 누리는 자연의 특권이라 생각되었다.

  발목까지 자란 이름 모를 꽃들이 바람결에 나부끼며 청향을 피워 코끝을
자극한다. 8부 능선으로 이어진 초원을 수천 마리의 양떼들이 넘나들며 풀
을 뜯는다. 말을 탄 목동은 초원을 달리며 방울소리로 양떼를 몰고 다니는

모습이 평화롭고 정겨워 보였다.

남산목장의 자연 풍광을 뒤로 하고 우루무치 시내로 돌아와 때늦은 점심 식사를 하고 버스에 올라 투르판을 향해서 떠난다. 투르판을 향해서 황량한 사막의 허허벌판을 달리다보면 약 5km 길이의 염호가 펼쳐져 이국적인 냄새가 난다. 버스가 고속도로에 진입하면서 우루무치의 준 사막에서 완전한 사막의 풍경을 보여주고 있다. 풀 한 포기, 나무 한 그루 없는 자갈만 한없이 이어지는 죽음의 땅, 황야 고비탄 사막이 펼쳐졌다.

버스가 에어컨 시설을 갖추지 않아 차내는 후덥지근하고 답답하여 차창을 열어본다. 차창 밖에서 들어온 바람이 더 뜨거워 마치 머리를 감고 헤어드라이어로 말리는 듯한 뜨거운 열기를 느꼈다. 열사의 사막분지인 투르판이 가까워진 모양이다.

손오공도 엉덩이를 데었다는 화염산이 있는 투르판은 이렇게 낯선 이방인에게 혹독한 불볕더위로 신고를 한다.

천산 남쪽 산기슭에 위치한 **‘투르판’**(吐魯番 : Turpan)은 타클라마칸 사막분지 가운데로 동서 120km, 남북 60km의 작은 분지이다. 이곳은 중국에서 표고가 가장 낮아서 투르판이 위구르어로 ‘파인 땅’이라는 말이 실감난다. 시가지는 해발 18m~106m이고, 제일 낮은 지역인 애정호(艾丁湖)의 수면은 해면 아래로 154m라고 한다.

이런 지형적인 영향으로 중국에서 가장 더운 지역이기도 하다. 연간 최고 기온은 47.5℃, 지표의 온도가 무려 70℃나 된다. 여름 평균 기온이 40℃ 이상으로 올라가고, 겨울(11월~3월)에는 낮이 영상 20℃정도, 밤이 영하 30℃까지 내려간다.

투르판은 이렇게 혹독한 자연환경을 극복하고 많은 문화유적을 남겼으며, 돈황과 더불어 서역의 중심도시 역할을 했다. 2,000년 전 한무제가 고창군(高昌君)을 설치하며 알려지기 시작해서 고창(高昌), 화주(火州), 서주(西州)로 불리며 당나라 때까지 번창했다. 그러나 10세기 이후부터 위구르족의 중심지가 되었고, 1912년에 투르판이라 개명되었다.

교하고성

투르판에 도착해서 먼저 찾아간 곳이 '교하고성'(交河故城)으로, 시가지에서 서쪽으로 10km 지점에 있는 구릉지였다. 버스에서 내리자마자 외기온도에 목이 마르고 입안이 바짝바짝 타들어 간다. 온 몸은 땀으로 흥건히 젖어 현재의 온도를 물어보니 45℃ 정도 될 거란다.

고성으로 올라가는 복원한 벽돌길이 남북 일직선으로 잘 닦아져 있다. 길

교하고성의 유적지

양옆으로 주거지 흔적이 보이고 끝나는 지점에는 광장과 우물터, 사원이 들어섰던 흔적도 볼 수 있었다. 중국의 도시가 대부분 성벽으로 둘러싸여 있는 것이 보통인데, 교하고성은 20m 절벽 위에서 밑으로 파 내려가 도시를 만든 것이 특징이다. 그래서 '조각의 도시'라고 불리는 교하고성은 세계 다른 곳에서 그 유례를 찾아볼 수 없을 것이다. 동서 300m, 남북 1.6km의 구릉에 흙덩이를 파서 만든 건물들이 거의 무너져 멸망하던 당시를 상상하게 한다.

기원전 2세기에서 10세기까지 번성했던 교하고성은 천산남로와 천산북로 사이에 위치하여 실크로드에 있어서 매우 중요한 역할을 한 것으로 보인다.

교하고성을 대충 둘러보고 내려와 가게에 들러 미네랄워터 한 병을 사서 단숨에 마셨다. 그리고 수박까지 먹고 나니 갈증이 약간 해소되어 한결 가벼운 마음으로 투르판 시내로 입성하여 'Tulufan Hotel'에 숙소를 정하고 여장을

교하고성

풀었다. 온종일 사막의 모래 바람과 땀으로 범벅이 된 끈적끈적한 몸을 더운물로 샤워를 하니 날아갈 것 같은 기분이다.

존슨카페에 들러 만찬을 겸한 시원한 맥주 한 잔으로 여행의 피로를 달래 보지만 또다시 땀이 비오듯 쏟아진다. 땅거미는 이미 졌지만 지열이 아직 남아 있어 더위를 쫓기에는 이른지 땀은 좀더 흘려야 될 모양이다.

투르판 민속춤

밤이 되면서 호텔 정면에 오색등불을 밝히고, 뒤뜰에는 위구르족 처녀들의 민속춤 공연이 있었지만 별로 관심을 끌지는 못하였다. 자정이 가까워지자 후덥지근한 날씨도 습도가 낮아 많이 누그러졌다. 쾌적한 밤하늘의 별빛 속에서 벤치에 앉아 위구르 여인과 이런저런 이야기를 나누었다.

교하고성 유적지

열다섯번째 날

　　투르판 빈관에서 걸어서 20여 분 동남쪽으로 가면 창공을 떠받들고 있는 듯한 커다란 흙색 모스크인 소공탑이 나왔다. 투르판의 상징적인 소공탑은 흙벽돌을 원주로 쌓아올려 끝이 점점 가늘어지며 하늘로 치솟는 첨탑 양식이다. 꽃무늬를 비롯한 다양한 무늬가 새겨진 아름다운 탑이다. 1779년에 지배자인 술라이만이 아버지 어민의 공적을 기리기 위하여 44m 높이로 세운 탑이다.

　　투르판에서 동쪽으로 46km 떨어진 오아시스에 세워진 성곽도시가 '**고창고성**'(高昌故城)이다. 499년, 한족 국문태(麴文泰)가 세운 '고씨 고창국'이라 하는 나라의 성이다. 둘레가 5km 정도 되는데 정방향으로 흙벽돌을 쌓아 만들어서 파손이 더욱 심해 지금은 거의 폐허화된 도시 유적일 뿐이다.

투르판 사원

고창고성

고창고성

서유기에 등장한 삼장법사가 당나라(630년) 때 인도로 불경을 연구하러 가던 중에 고창왕의 간청으로 이 곳에서 한 달간 머물며 인왕경을 강의했던 곳이다. 현장이 떠난 직후 고창국은 당나라에 의하여 멸망되었다. 지금은 폐허가 된 옛 성터에 인걸은 간 데 없고 위구르족 상인들이 관광객에게 조잡하게 만들어진 민속공예품을 팔고 있는데 볼거리는 별로 없고 생글생글 웃는 미소만 기억에 남는다.

투르판의 명물은 포도로 중국 포도 총 생산량의 40%가 이곳에서 나온다니 대단하다. 투르판은 1년 강수량이 16mm로 아주 건조하고 더워, 수분 증발량은 년 3,000mm라고 한다. 천산 산맥에서 만년설이 녹아 흘러내리는 물을 이용하여 포도재배를 하려고 지하 수로를 팠는데 이를 '카레즈'(karez)라 한다. 카레즈는 실크로드를 타고 이곳에 전파된 것으로

투르판의 포도

알려졌는데 총 길이가 3,000km를 넘어 실로 땅속의 만리장성이라는 별칭을 가지고 있다. 자연을 이용하여 삶을 개척하려는 인간의 의지에 절로 감탄이 나올 뿐이다. 이 곳의 대표적인 '남산포도원'은 한 여름에도 무더위를

투르판의 포도원

투르판의 포도원

식히며 조용한 휴식을 취할 수 있도록 부대시설이 잘 갖추어져 있다. 인도에 청포도를 심어 아치형 터널식으로 꾸며 놓은 환상적인 휴식처이다. 테이블에 앉아서 알알이 익어 가는 청포도를 한 알씩 따서 입에 넣고 있노라니 청포도 시인 '이육사' 의 싯귀가 저절로 떠오른다.

황토를 말려 정교하게 건축한 포도 건조장이 아주 그럴듯한 조형미를 갖추고 있다. 이 곳 여름은 워낙 더워 오후 2시부터 5시까지 휴무란다.

남산 포도원을 뒤로 하고 시가지에서 동쪽으로 45km지점에 위치한 '백자극리극 천불동'(柏孜克里克 千佛洞)을 찾아간다. 남북조시대(6C)부터 원나라(14C)까지 만들어진 54개의 석굴이 확인되고 있다.

베제크리크(Bazeklik)는 위구르어로 '아름답게 장식된 집' 이라는 뜻으로 석굴 안에는 화려한 벽화와 조각들로 장식되어 있었다. 그러나 외국 탐험대와 몰지각한 관광객들이 저지른 만행은 석굴을 참담하게 만들어 놓았다. 벽화들을 긁어 놓았거나 심지어 떼어간 자리가 수없이 많았다. 겉모습만 깨끗이 보수를 하고 내용물은 없으니 정말 보기에 안타까웠다. 입장료 20위안이 아깝다는 생각을 하면서 나오다 천불동 입구 기념품 가게를 둘러보지만 마음에 드는 토산품이 없다.

　의자에 앉아서 시원한 음료수를 한 병 사서 갈증을 달래본다. 이 곳을 찾는 관광객이 많지 않아 기념품 가게들도 개점휴업 상태이다.

　나의 주특기인 디지털 카메라로 장난을 걸어본다. 사진을 찍어서 보여주면 현지인들은 디지털 카메라가 생소하기

천불동의 자매

때문에 관심을 가지며 주변으로 모여든다. 처음에는 카메라를 피하던 위구르 처녀 자매도 사진을 예쁘게 찍어 달라고 조른다. 찍어 봤자 돌려받지도 못할 사진을 왜 예쁘게 찍어달라고 할까? 전송해주겠다고 인터넷 메일 주소를 달라면 무슨 말인지 알아 듣지 못한다. 처녀 자매가 집주소를 적어 주어 사진으로 인화해서 보내 주기로 약속을 했다. 처녀 자매는 언니가 21세, 동생은 19세란다. 보기 드문 미인으로 이런 오지에서 썩히기는 아깝다는 생각이 들어 며느리 삼자고 했더니 얼굴이 홍당무가 되어 고개를 숙인다. 내 아들은 대학 4학년으로 24세라고 일러주었다. 처녀 사진을 아들에게 보여 주고 마음에 들면 편지와 사진을 보내도록 하겠다고 하니 싫다는 눈치가 아니다. 처음에는 장난삼아 했던 이야기이지만 그녀가 진심으로 내 며느리가 되었으면 얼마나 좋을까 하는 생각을 해 보았다.

　‘화염산’ 비탈진 언덕바지 절벽에 위구르인들이 여러 개의 동굴(베제크르크)을 팠고, 절벽 밑으로는 무얼투칸 강이 흐른다. 화염산(火焰山) 산기슭은 나무 한 그루, 풀 한 포기 없는 벌거숭이 민둥산의 모습이다. 강렬한 햇빛을 받아서 새빨갛게 온 산이 불꽃처럼 타오르고, 군데군데 주름진 계곡에서 화염이 올라가는 듯한 산이다.

　『서유기』에서는 손오공이 칠선공주로부터 파초선(琶蕉扇)을 빌려와 불을

끄려 했다하여 화염산이라는 이름이 붙여졌다고 되어 있다. 한낮의 온도가 50℃, 지표 온도는 80℃까지 올라가는 완전히 살인적인 폭염으로 화염산을 등정하는 사람이 거의 없다고 한다.

그렇다고 이 곳까지 와서 손오공의 활동 무대인 화염산 일몰의 장관을 보지 않을 수 없어 등정 길에 나섰다. 황토모래가 뜨겁게 달구어진 8부 능선을 한 발자국씩 내디딜 때마다 뜨거운 사우나 열기에 얼굴이 화끈거리며 호흡이 거칠어진다. 정상인가 싶어 다가서면 또 다른 봉우리가 저 만치서 날더러 오라고 손짓한다. 산행 2시간 만에 잡일 듯 말 듯한 화염산 정상에 다다랐다.

화염산 정상에 오르자마자 단숨에 물 한 병을 비우고 목청을 가다듬었다. 두 손을 높이 쳐들어 하늘을 바라보고 "손오공아 내가 여기 왔노라! 파초선으로 땀 좀 식혀다오"를 소리 높여 허공에 외쳐보지만 대답은 없다. 화염산에 올라 만용을 부려보지만, 구름 속으로 숨바꼭질을 하던 해가 어느덧 서

화염산

화염산

산으로 넘어가 버려 일몰의 장관을 보지는 못했다.

화염산에서 내려와 주차장에 당도했을 때는 온 몸은 땀으로 젖었고, 게다가 황토모래까지 뒤집어써 몰골이 말이 아니었다. 주차장 화장실의 세면기 수도꼭지를 틀어 놓고 바가지로 물을 끼얹어 대충 샤워를 했다. 땀을 너무 많이 흘려 탈수가 되어서인지 시장기도 들고 갈증이 목을 조여 온다.

머느리 감으로 점찍어두었던 위구르 처녀가 다가와서 손목을 잡고 자기가 경영하는 기념품 가게로 끌고 간다. 저녁식사로 녹두죽을 끓였다며 한 그릇을 퍼주며 맛있으면 많이 먹으란다. 체면 생각지 않고 세 그릇을 해치우니 좋아하면서도 놀란 눈치이다. 이번 여행 중 어느 값비싼 요리보다도 제일 맛있게 먹었던 녹두죽은 영원히 잊을 수 없을 것 같다. 거절하는 처녀 손에 100위안을 꼭 쥐어주며 아쉬운 석별의 정을 나누었다.

어느새 버스는 투르판 역을 향하여 달려갔다.

오호츠
바이칼
몽골
몽고고원
고비사막
카자흐스탄
아랍해
타슈켄트
탈라스
우루무치
돈황
대한민국
동해
흑해
그루지야
카스피해
카르기니스탄
사마르칸트
고창
가욕관
서해
아르메니아
아제르바이잔
투르크메니스탄
카슈카르
터키
시리아
바그다드
테헤란
파미르고원
티벳고원
서닝
란주
서안
지중해
레바논
이스라엘
예루살렘
이란
마슈하드
아프카니스탄
호탄
히말라야산맥
동중국해
요르단
이라크
쿠웨이트
카불
라호르
중국
파키스탄
네팔
부탄
아랍에미리트
오만
뉴델리
인도
방글라데시
미얀마
라오스
사우디아라비아
타이
베트남
캄보디아
에멘
아라비아해
뱅골만
남중국해
말레이시아
싱가포르
인 도 양

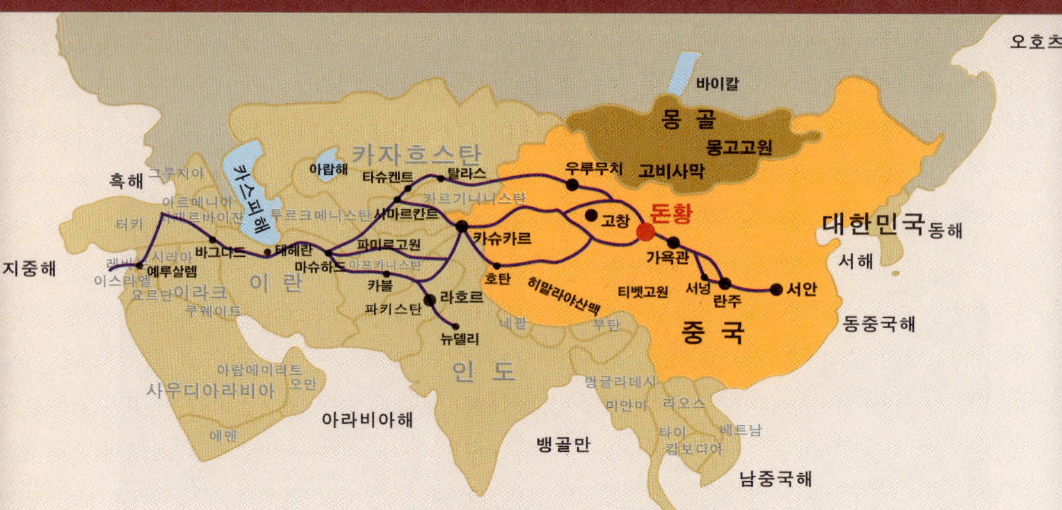

DUNHUANG

돈 황

어제 밤 9시 투르판역을 출발한 예약된 기차 침대간은 양쪽 3층으로 침대가 설치된 6인용이다. 차림새가 허술한 승객들은 어디를 가는지 표정들이 밝아 보이지는 않지만 나름대로 희망을 안고 목적지를 향하여 가고 있는 모양이다. 침대칸은 칸마다 승무원이 배치되어 승객들이 마음 놓고 취침할 수 있도록 11시쯤 소등하고 불침번을 서 주는 친절을 베풀었다. 밤을 새워 달린 기차는 끝자락이 보이지 않는 사막을 가로질러 일출의 장관을 보여주며, 10시간을 질주한 끝에 돈황역에 다다랐다.

원래는 유원역이라 했는데 여행자들 사이에 돈황으로 많이 알려져 1999년도에 돈황역이라 개명을 했다고 한다. 유원은 사막의 모래 바람과 먼지 세차게 불어오기 때문에 마스크를 쓰지 않고는 살 수가 없는 곳이다. 그래서 이 곳 사람들은 사시사철 입과 얼굴을 가리는 마스크를 쓰고 다닌다. 시내 번화가에는 마스크보다 더한 영화 속에서 봄직한 흑 두건과 황 두건으로 눈 부위만 빼고 온통 얼굴을 가린 사람들을 많이 볼 수 있다.

다른 도시에서는 전혀 볼 수 없었던 물장수가 유원의 명물이다. 물 찾는 여행자들이 많은지 흰 두건을 한 물장수가 역 주변에 한 줄로 죽 늘어서 경쟁하듯 손님을 기다리고 있다.

돈황역을 출발한 버스는 또다시 황무지 사막 속으로 진입했다. 생명체를 유지하기 힘들 정도의 사막에는 방금 소나기가 내렸는지 빗물이 흥건하다. 저지대에는 여기저기 소금기가 하얗게 드러나 있다. 소금밭

돈황산장

돈 황

돈황은 지리적으로 감숙성의 서북쪽, 감숙, 청해, 신강의 교합처에 위치해 있으며 옛적부터 '비단길'의 하서도(河西道), 청해도(靑海道), 서역남(西域南), 북도(北道) 교합처에 위치해 있는 변방요새로 알려졌다. 돈황에서 동북쪽으로는 서안을 거쳐 중원 하서대도(中原 河西大道)에 갈 수 있고 서북쪽으로는 옥문관(玉門關)을 거쳐 서역북도(西域北道)를 따라 가면 합밀(哈密)과 나포박(羅布泊)에 갈 수 있고 남쪽으로는 아극새합살극족자치현(阿克塞哈薩克族自治縣)을 거쳐 청해성의 격이목(格爾木)에 갈 수 있다.

돈황은 청장고원의 북반구에 자리 잡고 있으며 고원, 사막, 고비에 둘러싸인 소분지로서 면적이 3.12만㎢이며 지세가 남쪽이 높고 북쪽이 낮으며 당하(黨河)가 흐르는데 길이가 390km, 물 흐름량이 연 2.93억㎥로서 돈황의 생명하(生命河)이며 녹화 면적이 1397㎢로서 전체 면적의 4.49%를 차지한다.

사막에서 생명체가 어떻게 자라는지 도로변에는 오다가다 농가도 하나 둘씩 보인다. 유원을 출발한 버스가 황막한 사막을 가로질러 돈황까지 130km 거리를 2시간 동안에 달려 숙소인 돈황산장(The Silk Road Dun Huang Hotel)에 도착하였다.

'돈황'(敦惶 : Dunhuang)은 감숙성의 서부 도시로 주천지구(酒泉地區)에 속하며 감숙(甘肅)-신강(新疆)사막 내에 있는 오아시스 도시이다. 중앙아시아를 가로지르는 실크로드를 따라 펼쳐진 전통적인 중국인 거주지의 서쪽 끝자락에 해당하며, 서양 상인들이 중국통치 영역으로 들어가서 처음으로 거쳐 가는 교역도시이다.

기후는 여름에는 매우 덥고, 겨울에는 매우 춥다. 더운 7월의 평균 기온은 25.7℃이고 가장 추운 1월의 평균 기온은 영하 15.2℃이다. 연중 강수량은 36.8㎜ 정도로 매우 건조한 편으로 돈황을 여행하기에 가장 좋은 때는 5, 9, 10월이라고 한다.

실크로드에서 돈황이라는 이름이 빠진다면 많은 여행자들은 애당초 이 사막지대에 발을 들여 놓지 않을 것이다. 혜초 스님이나 현장법사의 발자국은 이미 오래 전 모래바람에 지워졌다. 그러나 오늘날 그들의 뒤를 쫓는 수많은 여행자들이 황금의 오아시스인 돈황을 체험을 통하여 가슴 속 깊이 느끼고자 이 곳을 찾아온다. 시가지는 작지만 깨끗하다. 세계 각국의 여행자들이 많이 찾는 곳이라 거리의 음식점 간판도 영어로 쓰여 있는 곳이 많다. 언제 생각해도 늘 흐뭇한 미소를 지으며 떠올리게 되는 여행지이다.

돈황산장에서 약 40분 정도 버스로 이동하여 '막고굴'에 도착하였다. 막고굴까지 오는 도중 사막에는 크고 작은 봉우리가 솟아 있어 안내원에게 물어보니 무덤이라고 한다. 돈황의 무덤양식이 삼국시대 우리나라에 전래된 것이 아닌가하는 생각을 해본다.

막고굴(莫高堀)의 '莫高'는 사막에서 가장 높은 곳이라서 이름 지어진 곳이라고 한다. 실크로드는 천산북로, 천산남로, 타클라마칸 사막으로 가는 세 갈래 길로 나뉘어 지는데 모두 출발점은 돈황이다. 막고굴을 감상한 느

돈황석굴

낌은 문외한이 보기도 감탄하지 않을 수 없을
정도의 모습이다. 내용에 있어서도 불교미술
·역사 ·풍속·건축·조각에 이르기까지 너
무나도 다양하다. 실로 그 규모가 세계 최대의
미술관이며, 박물관처럼 느껴지기도 하였다.

돈황석굴

 석굴 아래로는 반사된 석굴을 담은 '당강'
이 흘러가고 강 건너에는 사미산맥이 우뚝 서
있다. 매표소에 들러 티켓을 끊어 들어가다 보
면 왼편에는 커다란 박물관이 있고 오른쪽으로 꺾어 들어가면 막고굴로 들
어가게 된다. 막고굴 입구 한 쪽에서는 영어, 일어, 중국어 등 현지 통역 가
이드가 있어 단체로 입장할 때는 반드시 가이드를 대동해야 들어간다. 입구
에 들어서면 카메라, 가방 등의 짐 검사를 하며 어떤 경우에도 카메라를 가
지고 들어갈 수는 없다. 매표소 옆에 있는 보관소에 카메라 및 가방을 맡기
고 들어가야 했다.

 서기 366년에 낙존(樂尊)이라는 승려가 굴을 판 것이 시초라고 한다. 그
후 천 년 동안 명사산 절벽 1.6km를 따라 크고 작은 석굴을 2단 또는 3단
으로 1천여 개의 굴을 팠으나 현재 남아 있는 것은 492개이다.

 석굴내부를 자세히 보려면 손전등이 필요하며, 없으면 입구 쪽에서 빌려
주기도 한다. 석굴이 워낙 클 뿐더러 구석구석 볼거리들이 많은데 가이드
설명 없이 혼자 이해하기가 쉽지 않았다. 나는 막고굴에 관해 준비해 온 참
고 책을 보면서 희미한 조명 빛에 손전등으로 벽과 천장을 빙빙 돌려가며
비춰보았다.

 석굴마다 보존상태가 다르지만 사방이 벽화로 채워져 있고, 채색상태가
선명하여 천 년이 더 된 그림으로 믿어지지 않을 정도였다. 옛날 사람들은

어떻게 이러한 석굴에 오색찬란한 빛깔의 그림을 그리고 남겼으며. 도대체 무엇을 재료로 했기에 이리도 고울까? 중앙에 근엄해 보이면서도 대자대비 하신 부처님이 내 쪽을 향하여 미소를 짓고 앉아 있는 듯 하다.

최근에 우연히 입구 부근에서 숨겨진 등신불이 모셔진 석굴을 발견하였다고 한다. 등신불이 된 스님은 이 깜깜한 동굴 속에서 천년이 넘도록 앉아 있었지만 저렇게 단정한 모습을 보니 자비로운 큰 스님임에 틀림없어 보인다.

그 중에서도 내가 관심을 갖고 있는 것은 고구려의 쌍용총 수렵도와 혜초의 왕오천축국전이 발견된 17호굴 장경동이다. 불행하게도 17호 석굴은 보수공사로 당분간 공개가 어렵다고 한다. 이 곳까지 와서 보지 못하고 돌아간다고 생각하니 아쉬운 마음 뿐이다. 짧은 시간 동안에 10여 개의 석굴을 수박 겉핥기식으로 보기는 무리라 생각되었다.

14세기 이후 바닷길이 생기면서 돈황은 실크로드로서의 기능이 사라지며

돈황석굴

사람들의 기억 속에서 사라졌는데 1900년 왕원록이라는 도사가 굴을 지키고 있을 때 스타인(영국), 펠리오(프랑스), 워나(미국), 오타니(일본) 등이 많은 고서를 가져갔다.

펠리오가 가져간 것들 중에 혜초의 '왕오천축국전'(往五天竺國傳)이 프랑스 루브르 박물관에 있으며 오타니

돈황석굴

가 가져간 것의 일부가 일본에서 조선총독부를 거쳐 한국에 있다고 한다. 서기 2,000년은 돈황이 구라파에 알려진지 100년이 된 해로 돈황에서 거대한 국제대회를 열어 막고굴에 대한 학술적 성과를 조명했으며 이제 '돈황학'(敦惶學)으로까지 발전되었다.

돈황연구소 측에 의하면 불상과 벽화가 많이 훼손되고 있기 때문에 작년에는 40여 굴을 보여주었는데 올해는 10여 개로 줄었고, 일반인에게 공개하지 아니 할 수도 있다는 것이다. 미국 사람들이 막고굴의 벽화와 불상을 3차원 입체영상으로 제작하고 있어, 앞으로는 이 영상 관람으로 대체할 가능성도 배제할 수 없다고 한다.

막고굴의 불상과 벽화를 만든 사람은 누구이며, 어떤 생각으로 만들었을까? 그 긴 세월 동안 어두운 굴에서 아름다운 색상으로 조화를 부리며 작업한 사람을 상상하면 인간의 모든 염원을 담는 그 행위야말로 구도에 이르는 길이 아닐까 하는 생각이 들었다.

돈황은 11C때 한 무제(漢武帝)가 돈황, 주천, 무위, 장액 등의 하서사군(河西四郡)을 설치하면서 처음 알려진 곳으로 변화무쌍한 역사의 한 페이지를 장식하게 되었다. 이때부터 한족이 이주하게 되었고, 서역 지배가 시작

된 시기에는 군사기지로서의 역할이 컸다.

후한(後漢, 2C)때는 불교가 중국으로 전래되는 통로였으며, 여행자들을 유혹하는 막고굴(莫高窟)이 처음 만들어지기 시작한 것은 4C 동진(東晉) 시대부터였다. 돈황이 가장 번성했던 당나라 때(7-8C)는 비단길의 중간기지로 활용되어 무역과 문화교류의 중요한 오아시스가 되었다.

이후 당나라가 쇠퇴한 뒤로는 위구르, 서하(西夏), 투르판, 티베트의 지배를 차례로 받으며 돈황이라는 명맥을 이어왔다. 현재의 도시는 18C초 청나라 때 조성된 것이다.

이 굴은 돈황시에서 동남쪽으로 25km 떨어진 명사산의 동쪽 1.6km 절벽을 따라 2단 또는 3단으로 크고 작은 형태를 띠고 있는 석굴인데, 중국 3대 석굴 중 하나로 동서양 불교교류가 남긴 가장 큰 문화유산이다. 366년 악존(樂尊)이라는 스님에 의해 최초로 만들어지기 시작해 북위·수·당을

돈황석굴

거치며 천 년 동안 1천여 개의 석굴이 생겨났다.

돈황을 상징하는 북대불전은 9층의 탑 형식의 누각이지만, 그 누각 뒤에 바위를 뚫어 부처를 빚어 놓았다. 당나라 여걸 측천무후가 고종의 왕비로 있을 때 발원했다는 이 부처는 높이가 33m로 절벽에 그대로 노출시킬 수가 없어 누각을 지어 그대로 보호하고 있다.

석굴은 가장 큰 것이 보통 교실 크기이고 천장 높이는 3m이며 방 한가운데 기둥을 세우고 그 주위에 부처와 보살의 입상을 섬세하게 만들어 세웠다. 진흙 위에 하얀 석회석을 입힌 보살상들은 마치 금방 칠해 놓은 듯 선명하다. 인도에서 일어난 불교와 불상조각, 석굴 조성 방법 등이 멀리 서역을 거쳐 이 곳에 온 뒤, 우리나라의 석굴암까지 이어지는 중간 과정이다.

막고굴 보물은 뭐니 뭐니 해도 벽화이다. 석굴 안 뿐만 아니라 굴 밖에도 그려져 있는 벽화를 1m 폭으로 연장하면 45km 길이에 달한다고 한다. 벽화의 주제는 정토(淨土)로서 특히 서방에 있어 아미타여래를 만난다는 것이다. 돈황 석굴 벽화는 당나라 시대 것이 가장 많은데 당시에 정토사상이 주가 되는 불교가 널리 보급되어 있었음을 알 수 있다. 궁궐 같은 형식과 하늘을 날며 악기를 연주하는 천녀들의 모습에서 당나라의 영화롭던 생활을 죽어서도 연결시키려 했음을 알 수 있다.

그 천녀도는 강원도 오대산의 상원사를 거쳐 경주 봉덕사종까지 비천상의 맥을 이어주고 있다.

막고굴에서 돈황으로 돌아오는 길에 방향을 명사산(鳴沙山)과 월아천(月牙泉)으로 기수를 돌렸다. 시가지에서 남쪽으로 4km정도 떨어져 있는 '명사산'은 바람이 강하게 불 때 날리는 모래소리가 마치 관현악기의 소리처럼 들리거나, 수많은 병마가 북과 징을 두들기는 소리처럼 들린 다해서 그 이름이 유래되었다 한다. 동서로 40km, 남북 20km나 되는 거대한 모래

명사산

산이 선명하게 능선을 이루고 있어 신비스럽다.

월아천은 명사산 아래에 있는 초승달 모양의 아주 작은 호수이다. 명사산 입구에서 낙타를 타고 명사산 중턱까지 가는 코스가 있고, 다른 하나는 월아천까지 1km 정도를 가는 코스도 있다. 지금은 낙타들이 관광객을 실어 나르는 존재로 전락되었지만, 다른 교통수단이 없었을 때 낙타는 정말로 귀중한 운송수단이며 대상들의 동반자였을 것이다. 낙타들이 무척 유순하게 생겼다. 성질이 사납고 급하면 어떻게 이 황막한 열사의 땅에서 살아남았겠는가. 정말로 자연의 조화는 아무리 생각해도 신비스러울 뿐이다.

명사산 모래가 어찌나 고운지 밀가루를 뿌려놓은 것 같다. 산등성이를 신발을 벗어들고 오를 때는 미끄럽고도 부드러운 촉감이 좋았다. 산 정상에서 금방이라도 떨어질 것 같은 낙조를 받으며 눈앞에 펼쳐지는 광대한 모래언덕을 바라보고 있노라니 어느새 해는 저물고 동쪽 하늘에 별들이 하나 둘씩 깜박거리며 얼굴을 내밀고 있다.

산 정상에서 산록을 둘러보면 '월아천'의 작은 호수 가장자리에 초승달 대신 전기 불이 깜박이고 있어 운치가 더 있어 보인다. 내려갈 때는 산중턱에 모래썰매가 준비되어 있어 아이들처럼 마냥 즐겁게 미끄럼을 타고 내려들 간다. 나는 모래썰매를 타지 않고 능선을 따라 홀로 자연의 의미를 사색하며, 오지 여행을 즐기는 사람만이 느낄 수 있는 여유의 시간을 가지며 내려왔다.

명사산에서 돌아오는 길에 저녁식사 겸 야시장 구경을 하려고 시장입구에서 버스를 내렸다. 시장은 사람이 모여 떠들고 먹고 마시는 곳으로 생기가 넘치는 삶의 현장이라 하겠다. 중국 땅이지만 사람의 모습이나 음식 등에서 서역 냄새가 풍기는 이색적인 모습이었다. 야시장 골목의 포장마차에서 양고기 꼬치를 구어 향신료를 뿌려 팔기에 사 먹었는데 처음에는 역한 냄새가 다소 났지만, 그래도 내 입맛에는 먹을 만하였다.

갑자기 비가 내리기 시작하자 시장에 있던 모든 사람들이 박수를 치며 좋아한다. 지금도 그 모습이 눈에 선하다. 금방 그칠 비는 아니라 서둘러서 택시를 타고 숙소인 돈황산장으로 돌아왔다.

월아천

돈황산장은 방마다 유리창을 특이하게 아주 작게 만들어 놓았는데 바람이 불면 창틀 사이로 모래가 들어오기 때문에 그렇게 만들어 놓았다고 하였다. 사람들의 지혜가 자연환경과 건축물까지 역학관계를 고려해서 건축했다는 생각이 들었다.

실크로드를 여행하며 계속 모래바람을 흠뻑 뒤집어쓰니 몸과 마음 모두가 찜찜하여 더운물 샤워로 여행의 피로를 풀어본다. 진시황의 아방궁 같은 돈황산장에서 하루 밤의 꿈을 접으며 아침 일찍 일어나니 몸이 무겁다. 며칠 동안 화염산, 명사산 등의 트레킹이 조금 무리가 된 듯 다리 허벅지에 알통이 박혀 걷기가 힘들다. 평소에 여행준비 차원에서 꾸준히 러닝머신으로 체력을 단련했는데도 나이를 생각지 않고 무리를 한 것 같다.

조찬은 호텔에서 먹기로 하고 100m거리의 회랑을 지나 후원에 있는 레스토랑으로 갔다. 돈황산장의 규모가 서울의 덕수궁 크기만 한 대지에 아방궁을 방불케 하는 건물과 정원을 갖추고 붉은 흙벽돌로 담을 높이 쌓아놓았다. 대국의 기질이 그대로 드러난 듯 레스토랑 크기도 1,000평은 족히 되어 보인다. 식단 메뉴는 뷔페로 푸짐하게 준비되어 자기 입맛에 따라 갔다 먹도록 되어 있고 음식값은 20위안이다.

8시 30분에 돈황산장을 출발한 버스는 6시간 정도 소요되는 400km 거리의 가욕관을 향하여 달려가고 있다. 2차선 포장도로를 달리는 버스는 좌측 마종산과 우측에 기련산맥을 바라보며 한없이 펼쳐진 황막한 사막을 가로질러 달리고 있다. 포장도로도 고온에 견디기 어려운지 자동차가 지나갈 때마다 바퀴에 밀려서 움푹움푹 들어가 비포장 자갈길 달리듯이 엉덩이를 들어올렸다 내렸다 해야만 했다.

가욕관이 가까워지자 인위적으로 심은 가로수가 숲을 이루었고 마을 사람들이 더위를 피해 그늘에서 환담을 나누고 있다. 이번 실크로드 여행에서 지금까지 내가 본 것은 사막과 낙타 뿐이다. 중국은 우리나라의 남북한을 합한 43배의 광활한 영토를 가지고 있다지만, 사막이 차지하는 비율도 상당히 많아 보인다.

위) 국태 대주점
아래) 가욕관 공원

일행 중 갑자기 위궤양 환자가 발생하여 가욕관 시내에 입성하자마자 병원에 들러 치료를 받고 기다리다, 치료가 금방 끝날 것 같지 않아 환자는 입원시켰다. 그 후 숙소를 잡으러 몇 군데 돌아다닌 끝에 중심지에 비교적 깨끗한 시설을 갖춘 '국태 대주점'에 여장을 풀기로 했다. 간단히 샤워를 마치고 디지털카메라 하나만 달랑 들고 호텔 맞은 편에 잘 조성된 시민공원으로 나오니 산책 나온 연인들이 많이 눈에 띄었다.

이번 여행에서 들렀던 어느 도시보다 깨끗하고 공기가 맑아 신선한 맛을 느낄 수 있었다. 시장기가 들어 음식점을 찾으려 해도 눈에 잘 보이지 않는다. 포장마차 주인 아낙네에게 레스토랑을 물어보니 저쪽이라고 손가락으로 방향만 일러준다.

찾아간 레스토랑은 가욕관 시내에서 제일 큰 곳으로 넓은 홀에 저녁식사 손님으로 초만원이다. 종업원 아가씨에게 좌석을 부탁해도 예약손님이 아

공원의 조각

니라 받을 수 없단다. 내가 이방인인 것을 금방 눈치 챈 가족 단위 손님이 한쪽 자리를 비워 주었다. 종업원 아가씨가 무엇을 시키겠냐고 식단 메뉴 페이퍼를 들고 와 주문을 하라는데 음식을 알아야 주문을 시키지. 망설이다 대충 눈치로 옆 사람 쪽을 손으로 가리키며 "me too"하니 주위 사람들이 모두 웃는다.

금방 소고기로 된 '샤브샤브' 요리가 나온다. 가스버너 위에 온갖 재료(한약)가 들어간 냄비와 얇게 썬 소고기 300g 1인분 한 접시가 나왔다. 끓는 국물에 소고기를 한 젓가락씩 데쳐 먹는 방식이다. 여기에 맥주 한 잔을 곁들여 마시다보니 주위 사람들과 합석이 되어 '오지여행가'(Interior Traveler)로 소개하고, 맥주잔을 주거니 받거니, 사진도 찍어 보여주니 같이 찍자고 모여든다. 레스토랑에서 완전히 스타가 되어 종업원들까지 사진 찍자고 아우성이며, 심지어 싸인까지 부탁한다. 나오면서 이들이 주소를 메모해 주어 사진을 보내주기로 약속하고 레스토랑에서 환송을 받으며 나왔다.

오늘은 토요일 밤으로 시민공원 광장에는 현지 주민들이 수만 명이 모여 있다. 중앙 무대는 연예인들을 동원하여 지방민을 위로한 뮤지컬 쇼가 휘황찬란한 조명아래 펼쳐지고 있었다. 중국 중앙방송(CCTV)에서 녹화중계로 '여유지하'(旅遊之夏)라는 홍보 현수막을 크게 내걸고 뮤지컬 쇼를 매주 지방을 다니며 공연을 하는 프로가 있다고 한다. 우리나라 KBS에서 매주 일요일 오후 6시 프로그램으로 '열린 음악회'를 공연하는 것과 유사한 것으로 생각된다. 공연장에는 새끼줄을 처놓고 안으로 들어가지 못하도록 1m

거리로 경찰을 배치해 삼엄한 경비가
이루어지고 있다. 공연이 시작된 후에
왔기 때문에 뒤에서 너무 멀어 잘 보
이지 않았다. 무대 뒤쪽으로 가까이
다가가서 나는 한국에서 온 카메라맨
이다. 무대에 가서 사진을 찍을 수 있
도록 해달라고 경찰에게 부탁을 해도

'여유지하' 주최 쇼

콧방귀만 뀐다. 밖에서 약간 소란스러웠는지 사회를 보는 여자 아나운서가
내 쪽을 바라본다. 아나운서가 경찰에게 무대로 들여보내 주라고 하는 것
같다. 이렇게 해서 운이 좋게 두 아가씨 아나운서 중간에 자리를 마련해 주
어 마음대로 사진 촬영을 할 수 있는 행운을 가졌다.

두 미인 사회자를 비롯하여 무대에 출연한 가수 및 무희들과 손을 마주
잡고 많은 사진을 촬영한 꿈과 같은 황홀한 밤이었다. 한국이 월드컵 4강
신화를 일구어 낸 뒤라 한국에 대한 이미지가 좋아서 짧은 시간이었지만 대
화를 통해 한국인의 자긍심을 마음껏 발휘한 기분 좋은 밤이었다. 지금은
이름도 기억나지 않은 사회자와 포옹으로 석별의 정을 나누고 숙소로 돌아
오는 발길이 너무나도 아쉬웠다.

호텔 현관문을 들어서자 일행들이 로비탁자에 앉아 내가 돌아오기만을
기다리며 있다 일제히 일어나 함성을 지른다. 공연장에 갔다 무대 위에 있
는 나를 보고 놀라기도 하고 부러웠다며 오늘 밤에 한 턱 쏘라고 했다. 호텔
카페에서 생맥주로 한 턱 내면서 찍어온 사진을 보여주니 모두들 좋아한다.

일행들은 이번 여행을 통해서 어떻게 하는 것이 즐거운 여행인가를 연장
자인 나를 통해서 배웠다고 한다. 침대에 누워 하루의 기행문을 정리하고
내일의 희망찬 여행과 그리운 가족의 행운을 기도하며 꿈 속으로 달려간다.

열여덟째 날

옛날 대상들이 낙타를 타고 여러 날이 걸렸을 실크로드의 목에 해당되는 곳이 하서회랑(河西回廊)이다. 이곳을 지나야 타림분지, 나아가 중앙아시아로 진출할 수 있었다. 이 하서회랑의 지배권을 놓고 여러 민족들이 다투었다. 그중 가장 강한 힘을 자랑한 민족이 기원전 2세기 북쪽에서 내려온 유목 기마 민족인 흉노족이다. 남하하는 흉노의 침공에 대항하기 위해 만리장성을 쌓기 시작했다. 한나라의 세력이 신장되면서 만리장성도 서쪽으로 계속 뻗어나갔다. 서기 121년 한 무제는 2차에 걸쳐 10만대군을 하서지방에 파견하여 흉노를 토벌하고 하서회랑 전역을 장악하게 되었다.

'가욕관'(嘉峪關 : Jiauguan)의 면적은 1,298㎢이고, 인구는 약 13만 3000명(1998년)이다. 감숙성(甘肅省) 하서회랑 중부 장성지대의

천하 제일 웅관

서쪽 끝자락에 위치한 주천(酒泉) 지구에 속하며, '란주'(蘭州)와의 거리는 754km이다. 이 곳에 오기 전 여행자들이 인터넷에 올린 글을 보고, 가욕관이 마치 조그마한 변방마을 정도로만 생각하였다. 그러나 내 눈에 보이는 가욕관은 석유, 철, 석탄 등의 지하자원이 풍부하여 신흥공업도시로 성장하고 있는 활기찬 도시로 조경이 고층빌딩과 조화를 이루어 아름답게 보이는 도시였다.

황량한 벌판을 지키는 파수꾼처럼 외로이 서있는 가욕관의 입구는 '천하웅관'(天下雄關)이라는 현판이 걸려있다. 황해가 내려다보이는 동쪽 끝 산해관에서 시작된 만

천하웅관

리장성은 서쪽으로 장장 6,350km(14,380리)나 뻗어나가 하서회랑의 끝자락인 가욕관에서 끝난다. 남쪽으로는 구름처럼 떠있는 만년설을 이고 있는 기련산맥과 북쪽으로는 마종산을 등지면서 만리장성이 이 곳을 가로지르고 있다. 장성은 북방의 침입을 막기 위해 구축된 것으로 여러 차례 증축되었다. 지금의 가욕관은 명나라 때인 1372년에 축조되어 내성과 외성으로 구분되어 잘 보존되고 있다. 면적은 3,3500㎡, 높이 10m이고, 둘레가 733m이다.

성벽은 흙으로 만들어졌고, 보수공사가 끝난 지 얼마 되지 않아 말끔하게 단장되어 고풍스러운 느낌을 주고 있다. 그 당시 성안에는 항상 5천여 명의 군대가 상주해 이 성을 지켰다고 한다. 성에서 만난 중국인의 말에 의하면 "그 옛날 싸움터에서 다시 돌아오는 병사들이 성벽에 돌을 던져 메아리가 울

천하웅관

려 퍼지면 성이 비어있는 것으로 알고 안심하고 들어갔다.”고 전해 주었다.

가욕관 성벽 위에 올라 서쪽을 바라보니 황량한 사막만이 계속 이어지고 있다. 이따금 모래바람이 불어 시야를 가리지만 이 곳에서도 중국의 끝은 더 멀다고 하니 과연 큰 나라임에 틀림없다.

장성에서 3km 정도 떨어진 곳에 있는 비탈진 급경사 계단을 30분 정도 오르노라면 팔달령(八達嶺) 정상에 조그마한 누각이 2개 있다. 누각에 올라 사방을 돌아보아도 보이는 것은 황량한 사막만이 지평선 너머로 한없이 펼쳐지고 있다. 저 멀리 어디선가 흉노족이 황사먼지를 일으키며 말을 달려 진격해 올 것 같은 착각에 사로잡혀 보았다. 고비탄에서 불어오는 차가운 듯, 선선한 듯한 모래바람이 얼굴을 따갑게 스치고 지나가지만, 그래도 기분은 상쾌하였다.

팔달령에서 돌아오는 길목의 가욕관 시내 외곽에는 약 10km에 걸쳐 있는 3세기경(위·진 시대)으로 추정되는 1,000여 개의 무덤이 있다. 그 중에서도 ‘가욕관 6호 묘’가 ‘주천 정가갑 5호 묘’와 더불어 대표적으로 유명한 묘이다. ‘주천 정가갑 5호묘’는 전실, 중실, 후실로 나누어져 있고, 벽돌을 구워 만든 전축분(塼築墳)이다.

이 묘안에는 큰 벽돌에 당시의 생활 모습을 사실적으로 간략하게 그린 그림들이 많다. 닭·양·돼지·소를 잡는 모습, 식사하는 모습, 음식을 준비하고 있는 시종들의 모습, 악기를 연주하는 모습, 사냥하는 모습, 말을 탄 병사의 모습, 순행 나선 모습, 소가 쟁기를 끄는 모습, 과일을 따는 모습 등

이 그려져 있어 그 당시의 생활모습과 묘 주
인의 지위를 짐작할 수 있다. 백제시대 왕릉
인 공주의 '무령왕릉'과 연결시킬 수 있어
역사적으로 매우 중요한 의미를 가진 것으로
보인다.

가욕관 팔달령에서

　부장품을 넣어둔 중실에는 당시의 생활상
을 볼 수 있는 그림이 그려져 있다. 그림은
흰 물감, 붉은 물감, 먹을 사용해 윤곽이 뚜
렷하다. 특히 실크로드에 걸맞게 뽕나무, 누
에치는 모습은 그 당시의 비단산업을 짐작케 한다.

　'가욕관 6호 묘'의 벽화는 그 필선 기법이 우리나라 고구려 '안악 3호분'
의 벽화를 생각나게 하였다. 벽돌을 쌓아 만든 고분으로 벽돌 한 장, 한 장
에 삽화를 그려 넣어 힘차고 웅장한 맛이 떨어진다. 고구려 벽화는 적석묘
와 봉토묘로 구분하는데, 벽화는 모두 봉토묘에서만 발견되었다.

　벽화는 좌 청룡, 우 백호, 남 주작, 북 현무의 사신도를 그렸다. 판석으로
덮은 천장에 별자리와 황룡을 그려 넣어 빈 공간이 없도록 그림들이 빽빽이
그려져 역동적이고 웅장하다. 가욕관 6호묘가 이런 면에서 고구려 벽화보
다 수준이 낮다고 여겨진다. 가욕관의 묘를 봄으로서 삼국시대에 백제나 고
구려의 문화의 상당 부분이 위진의 영향을 받았다는 생각이 많이 들었다.

　우루무치에서 출발하는 란주행 기차를 중간 역인 가욕관에서 밤 9시 48
분에 승차하였다. 2호차 침대칸으로 지난번 투르판에서 돈황역까지 탔던
침대 열차보다 조금 수준이 떨어지는 기차이다. 침대칸까지 일반 승객이 올
라와 약간 소란스럽고 복잡하여 754km 떨어진 란주까지 가려면 오늘밤 고
생을 각오해야 될 것 같다.

삼복더위의 여름이라 하지만 밤을 달리는 기차 안은 차가운 공기가 감돌아 담요를 덮고 새우잠으로 자다 깨다를 반복하면서 아침 7시경에 란주역에 도착하였다. 9시간 동안의 기차여행으로 피로가 누적되어 몸이 천근만근된 것 같은 것이 컨디션이 영 말이 아니다.

'란주'(蘭州 : Lanzhou)는 감숙성(甘肅省)의 성도로 인구는 300만의 서북부 최대 공업도시이다. 한나라 때에 금성이라 부르다가, 수·당에 이르러 란주라고 이름이 바뀌었다. 예로부터 실크로드로 가는 요충지로 발전했으며, 한족 이외에는 회족·티베트족·몽고족 등 여러 소수 민족이 살고 있다. 황하의 상류 하서회랑의 동쪽에 위치한 란주는 황하를 따라서 동서로 펼쳐진 까오란산의 산록에 있는 오이처럼 가늘고 긴 도시이다.

시가지는 기차역과 오천산공원(五泉山公園), 백탑산공원(白塔山公園)을 연결하고 있는 대로가 중심가이다. 백탑산공원을 가기 위해서는 철근다리를 건너가야 하는데 아래로 흙탕물인 누런 황하가 유유히 흘러간다.

란주 시내 중심가에 위치한 '국제 대주점'에 숙소를 정한 후 여장을 풀고 작은 배낭에 카메라와 간단한 소지품을 꾸려서 오늘의 일정에 따라 호텔을 나섰다. 아침부터 빗방울을 맞으며 음식점에 들러 2.5위안짜리 자장면으로 아침식사를 대신하고, 박물관을 찾아 나섰다.

란주 박물관은 월요일은 문을 열지 않는다고 한다. 란주에서 서남쪽으로 120km 떨어진 곳에 있는 '병령사석굴'(炳靈寺石窟)을 먼저 가기로 일정을 바꾸었다. 고물 미니버스로 갈아타고 3시간 정도를 달려가는데 지난번 폭우

로 산사태가 많이 나서 도로 곳곳에는 복
구 작업이 한창이다. 도로가 아닌 협곡의
하천바닥에 임시도로로 자동차들을 운행
시키고 있어 사람이고, 도로고, 자동차이
고 모두가 엉망진창이다. 산들이 완전 벌
거숭이 민둥산이라 눈비만 내리면 산사태

란주 유가협 선착장

가 나서 교통이 자주 끊긴다고 한다. 지난 밤에 비가 내려 토사가 물기를 머
금고 있어 지금도 줄줄 흘러내리는 것을 볼 수 있다.

지금 가고 있는 '병령사 석굴' 의 관광을 마치고 돌아올 때 다시 이 길을 통
과할 수 있을 지는 아무도 장담할 수 없다. 날씨는 하늘에 구름이 잔뜩 낀 것
이 금방이라도 비가 쏟아지면 오도 가도 못할 지경이 되고 말 것 같다. 이 곳
에 오면서 새 버스에서 고물미니버스로 갈아탄 이유를 이제야 알 것 같았다.

버스는 이곳 유가촌 마을까지만 운행하고, 병령사는 유가협댐을 쾌속정

란주 병령사 석굴

으로 질주하는 수상교통편을 이용하도록 되어 있다. 이 곳이 황하의 유가협
곡으로 58년도에 착공해서 15년 만에 완공한 중국의 최대 수력발전소의 댐
이다. 쾌속정은 잔잔한 호수 물살을 가르며 시원스럽게 가는데 처음에는 좁
은 호수가 상류 쪽으로 가면서 점점 넓어지기 시작한다. 호수 양편으로 여
러 형태의 높고 낮은 벌거숭이 민둥산들이 뼈대만 앙상하게 드러나 있다.
댐을 30분 정도 거슬러 올라가면 출렁이는 푸른 물결과 누런 흙탕물 황하
가 우리나라의 3·8선처럼 경계를 구분 짓고 있다.

중심으로 왼쪽 편은 온통 홍 산이고, 바른편은 회색 빛깔 산인데, 깎아지
른 절벽사이 양들이 풀을 찾아 헤매고 있다. 댐을 따라가다 보면 고기를 잡
아 생계유지를 하는 네다섯 채의 조그마한 어촌 마을도 여기저기 눈에 띄었
다. 댐의 상류까지는 40km로 쾌속정으로 1시간가량 거슬러 올라가니 옛

란주 병령사 석굴

실크로드의 황하와 맞닿는 곳에 '병령사 석굴'이 나왔다.

병령(炳靈)이라는 말은 '선파병령'(仙巴炳靈)의 티베트어를 줄인 것으로 '십만미근불주'(十萬彌勤佛州)란 뜻으로, 수많은 불상이 새겨져 있는 석굴을 의미한다.

병령사 가까이 들어서니 좌우로 늘어선 기암괴석들이 제각각 아름다운 모습을 뽐내고 있다. 황하와 기암괴석이 조화를 이루어 호수에 아름다운 비경의 그림자를 드리운 환상적인 한 폭의 산수화를 보는 것 같다.

'의제 허백련' 화백의 '12폭 병풍 산수화'를 옮겨다 펼쳐놓은 듯, 완전히 선경(仙境)의 모습 그대로인 병풍용 진경(眞景) 산수화이다. 병령사 선착장에 내려 주변을 살펴보니 크고 작은 산들이 겹겹이 겹쳐 절경을 이루고 있어 새삼스레 조물주의 예술적 감각을 느낄 수 있게 했다.

란주 병령사 석굴

이 곳에 병령사 석굴이 개착될 수 있었던 것은 지형과 암석이 좋아 불교 사원의 입지적 조건으로 최고의 지역처럼 보였다. 계곡을 따라 올라가면 4~5세기경 북위시대에 건립되기 시작한 183개의 석굴사원과 694개의 석불상이 남아 있다. 그 중에 당나라 때 세워진 대불의 높이가 27m나 된다. 기나긴 세월 모진 비바람에 시달렸을 석불, 그런데도 여전히 자비로운 미소를 띄고 나를 반갑게 맞이하는 듯 보였다.

바위에 부조된 석불들이 많이 훼손되어 현재 복원 및 보수공사가 진행되고 있어 보는 사람으로 하여금 서글픈 생각을 금할 수 없게 한다.

오전에 병령사로 출발할 때의 도로 여건을 감안하면 당일치기로 컴백하기는 어려울 것으로 생각되었으나 하늘이 도왔는지 무사히 밤 9시경에 란주로 돌아올 수 있었다. 오히려 여행 스케줄로 보면 전화위복의 좋은 결과로 내일은 가벼운 마음으로 란주시내를 관광할 수 있을 것 같다.

란주 병령사 석굴

란주 병령사 바위에 부조된 석불들

　숙소 주변은 완전 먹자골목으로 음식점과 술집들이 밀집되어 있는 유흥가이다. 일행들은 레스토랑에 들러 늦은 저녁식사로 각자 다른 음식을 주문하여 여러 가지 요리를 맛보았다. 피로 회복제로 맥주를 곁들여 마시며 오늘 여행에서 있었던 이야기꽃을 피우며 서로의 친목을 다졌다. 종업원 아가씨들의 사진도 찍어 보여주며 즐거운 만찬 시간을 보내다 나오려니 음식값에서 20위안을 디스카운트 해 주며 사진을 꼭 보내 달라 한다. 참으로 순진하고 귀엽다.

스무번째 날

　이틀 밤 계속해서 꿈자리가 개운치 않고 찜찜하여 일찍 기상해서 기분 전환으로 산책을 나갔다. 아침 공기가 신선하게 느껴지지는 않았지만 도로변 공원 및 인도에는 많은 노인들이 나와서 체조인지, 무용인지 구별하기 어려운 이색적인 몸동작으로 건강관리를 열심히 하는 모습을 볼 수 있다. 빌딩 경비원과 공공기관의 직원 및 경비요원이 아침 일찍 출근하여 30~40명씩 단체로 책임자의 구령에 따라 호신술로 태권도와 쿵푸를 열심히 하고 있다. 또한 시민들은 노점 카페에서 아침식사를 2위안 정도로 간단히 해결하고 출근을 서두르는 모습을 볼 수 있다. 란주 시민들의 하루의 생활이 이렇게 활기차게 시작되고 있다.

란주 박물관에서

오전에는 '란주 박물관'을 찾아가 시간적 여유를 갖고, 란주의 위진 시대의 역사적 유물을 살펴보면서, 실크로드 동서 교류의 어떠한 위치에서 어떠한 역할을 했을까를 당시의 지도를 보면서 관심 있게 살펴보았다.

지금까지 가욕관이 만리장성의 끝으로 알고 있었는데 지도를 보면 가욕관에서 30km를 더 나간 지점인 옥류관이 장성의 끝자락이다.

박물관에서 나와 백탑산공원을 가려면 황하를 가로지르고 있는 철다리를

란주 백탑사

건너가야 되겠지만, 케이블카로 황하를 건너 해발 1,720m의 산정에 올랐다. 원나라 때 건축되고 명청시대에 증축된 7층 8각으로 높이 17m인 백탑이 있어서 '백탑산공원'이라 한다. 산 전체에 여러 가지 형태의 절이 지붕을 겹치고 있는데 빨간 기둥과 보라색 기와가 선명하다.

산정에서 정면을 바라보면 오천산공원이 있고 아래로는 황하가 유유히 흐르고 란주 시가지를 한눈에 내려다 볼 수 있다. 시의 남쪽, 기차역 뒤쪽에 있는 오천산공원은 해발 1,600m로 이 곳 역시 나무가 많다거나 계곡에 물이 흐르는 그런 산다운 맛을 느낄 수 없는 곳으로 시가지와 황하를 보기 좋은 곳일 뿐이다.

오천산공원의 유래는 한무제 때 곽거병 장군이 흉노를 정벌하러 하서회랑으로 떠나는 길에 병사들에게 물을 먹이기 위해 이곳에 올라 검으로 땅을 찌르자 다섯 군데에서 물이 솟아나서 오천산이라 했다고 한다.

오후에는 중심 번화가를 둘러보는 아이쇼핑과 관광에 나섰다. 백탑산공원과 오천산공원을 연결하고 있는 대로가 중심상권으로 방사선처럼 퍼져있다. 주위에는 대형 백화점과 레스토랑, 전자 상품코너, 옷가게, 약국 등이 즐비하다. 백화점의 규모나 유명 메이커 상품의 가격도 우리나라에 비교해서 값이 싸지 않다. 그러나 도로변 상가의 할인 코너나, 값싼 노동력으로 만들어진 상품의 값은 상당히 싸게 느껴졌다.

노점 포장마차에서 양고기 꼬치구이를 안주 삼아 고량주 몇 잔을 한 후, 라면 국물로 속을 달랬다. 고량주 한두 잔이면 이 세상 모든 것이 다 내 것인양 부러울 것 하나도 없는데, 인간의 욕망은 어디가 끝인지….

오호츠
바이칼
몽골
몽고고원
카자흐스탄
아랄해
우루무치
고비사막
흑해
그루지야
타슈켄트
탈라스
카스피해
카르기니니스탄
아르메니아
아제르바이잔
투르크메니스탄
사마르칸트
고창
돈황
대한민국
동해
터키
카슈카르
시리아
바그다드
테헤란
파미르고원
가욕관
서해
지중해
레바논
이스라엘
예루살렘
마슈하드
아프카니스탄
호탄
서닝
동중국해
요르단
이라크
이란
카불
티벳고원
란주
서안
쿠웨이트
파키스탄
라호르
히말라야산맥
중국
뉴델리
네팔
부탄
인 도
방글라데시
아랍에미리트
오만
미안마
라오스
사우디아라비아
타이
베트남
에멘
아라비아해
캄보디아
뱅골만
남중국해
말레이시아
싱가포르
인 도 양

XIAN

서 안(장안)

이른 새벽 4시 30분에 모닝콜이 울려 잠자리에서 떠지지 않는 눈을 억지로 비비며 일어났다. 세수도 하는둥 마는둥 호텔 레스토랑으로 내려가 흰쌀죽으로 아침을 때우고, 시내에서 약 70km 떨어진 란주 공항으로 달려갔다. 란주에서 서안까지는 550km로서, 이 거리를 버스로 간다면 8시간은 족히 걸린다.

서북 항공편으로 1시간 비행거리인 이번 여행의 종착지인 서안 함양공항에 9시 30분에 도착하였다. 공항에서 1시간가량 '서안' 시내를 향해 달리는 차창 밖은 전원 농가 풍경이다. 밭에 대부분 밀과 옥수수가 재배되고 있었으며 황토로 지은 시골집에는 어김없이 오동나무가 심어져 있다. 오동나무 그늘 아래 농민들이 웃통을 벗은 채 앉아 있는 모습이 평화롭다.

서안도 중국의 여느 도시와 마찬가지로 고층빌딩이 들어서는 등 변화의 물결이 감지되었다. 도로위를 질주하는 무수한 사람들의 행렬이 무척이나 이채롭다. 교통신호가 있기는 하지만 잘 지켜지는 것 같지 않다. 차들이 엉켜 서서히 빠져나가고 있는데 교통사고는 별로 없단다. 나름대로의 질서가 있나보다.

우리 일행은 중앙에 위치한 '룽해 대주점'에 숙소를 정하고 2박 3일 동안의 서안 관광의 본거지로 삼았다.

중국의 고도(古都)로 3천 년의 숨결이 느껴지는 서안은 역사상 가장 중요한 도시이다. 고대 중국과 서역을 연결하는 실크로드의 동쪽 기점으로 천년 전에 인구가 백만을 넘었던 큰 도시였다. '서쪽은 평온하다'라는 뜻인 서안(西安 : Xian)이라는 이름은 명나라(1369) 때부터 부르기 시작했다. 그 전에는 장안(長安)이라 했고, 진·서한·후진·북주·수·당나라 등의 11개

위) 현장 삼장원
아래) 자은사 경 내

왕조가 이곳에 도읍을 정했다.

오늘날은 섬서성의 성도로 과거 찬란한 문화와 유구한 역사의 빛을 발하던 전성기와는 다르게, 강철, 화학비료, 콘크리트, 시계제조 등의 공업을 중심으로 한 산업도시로 변모하고 있다. 인구는 약 3백만 명으로 과거에 비해 크게 늘어나지는 않았다.

중국하면 가장 먼저 떠오르는 여행지가 서안으로 관광자원이 풍부해서 중국을 찾는 모든 여행객들이 한번쯤 여행하고 싶은 곳이다. 서안의 거리를 거닐다 보면 역사의 향기가 알게 모르게 마음을 파고든다.

시아버지 현종과 며느리 양귀비가 엽기적인 사랑을 속삭인 화청지, 죽은 진시황을 지키는 병마용의 살아있는 듯한 눈빛, 삼장법사가 불경을 연구하던 대안탑 등을 확인하기 위하여 오후부터 찾아 나섰다.

첫번째로 찾아 나선 '대안탑'(大雁塔)은 서안의 상징적인 탑으로서, 서유기(西遊記)의 주인공 현장법사가 인도에서 가져온 경서 보관을 위해 652년에 세운 탑이라 한다. 시가지에서 남쪽으로 4km 지점에 있는 자은사(慈恩寺) 경내에 있다. 7층 64m 높이로 좁은 계단을 따라 꼭대기에 오르면 남쪽 시가지가 잘 보이고, 실크로드 출발점이 손끝에 잡히는 듯 하였다.

자은사(慈恩寺)는 당태종이 어머니인 문덕황후를 기리기 위하여 세운 것인데 대웅전 벽화에 신라의 고승 원측(圓測)이 그려져 있어 나에게는 매우 신선한 충격이었다. 신라시대에 엘리트 스님들이 당시 선진국인 장안에 와서 공부하는 것을 최고의 영예로 생각하던 때였다.

현장법사는 중국인 규기(窺基)를 후계자로 삼고 열심히 불경을 가르치는데, 신라왕족 출신으로 자은사에서 불경을 공부하던 원측이 밖에서 이 가르침을 너무도 열심히 듣고 있는 모습에 현장법사가 이를 기특하게 여겨 특별히 두 명의 제자를 후계자로 삼

서안 대안탑

았던 것이다. 이를 기념하여 벽화 중앙에 현장법사가 있고 양측에 원측과 규기가 있는 그림을 그렸다고 하니 원측의 불심을 짐작할 수 있어, 내 마음에 알듯 모를 듯한 희열이 용솟음쳐왔다.

시가지 중심에 있는 섬서성 박물관에는 역사문물과 석각예술, 서안 비림(碑林)으로 나누어 전시되고 있다. 박물관은 3천 년의 역사의 숨결을 느낄 수 있는 유물을 시대적으로 분류하여 관람자로 하여금 쉽게 이해할 수 있도록 전시하고 있다. 내가 3천년 전 인간의 생각과 행위, 이들이 남겨 놓은 유물에 놀라는 일이 없다면, 과거 3천년의 역사는 나에게 아무런 의미가 없을 것이다. 역사와

비림소장

의 만남을 통해 옛사람의 행위에 대한 존경을 표할 수 있고, 경이를 통하여 현재와 미래에 대한 도전은 시작될 것이다.

동·서양을 이어준 문명의 통로인 실크로드는 인류 역사의 화려한 추

비림의 석관

억들을 간직한 박물관 소장품들이 이 방인에게 무언의 암시를 하고 있는 듯하다.

비림은 1,095개의 크고 작은 비석들이 숲을 이루고 있다는 데서 붙여진 이름이다. 6개로 나누어진 전시실에는 한나라 때부터 청나라에 이르기까지 중국의 역대 서예가들의 필적이 보존되어 있다.

특히 제1실의 114개 석판에 새겨진 개성석경(開成石經)에는 650,252자의 한자가 빽빽하게 새겨져 있다. 고대 갑골문자의 흔적도 있고, 역사적으로도 매우 귀중한 자료들이 모여 있는 곳으로 그 중에 특히 눈에 띄는 것이 있었다. 대나무 그림이 검은 바위에 음각되어 있는데, 관우가 조조에게 잡혀 있을 때 유비에게 보내는 충과 의로 맹세한 그림이라고 한다.

전시실 한쪽에서는 관광객의 요청에 따라 비문 1점당 200위안씩 받고 탁본을 떠주고 있다. 탁본 기능인에게 부탁하여 잠시 현장실습을 해 보는 시간도 가졌다. 중국의 관광지 대부분이 경내에서 관광 상품을 팔고 있는데 정도가 지나쳐 관광객으로 하여금 불쾌감을 느끼게 하는 경우가 많다. 관광 상품 코너를 들러야 전시장을 들어갈 수 있도록 꾸며져 있다. 전시장이 차지하는 비율이 50%라면, 관광 상품 코너도 50% 정도되어 보인다. 상술도 중요하지만 중국이 앞으로 선진 대국이 되려면 반드시 개선해야 될 과제이며, 다른 하나는 올림픽을 유치가 확정된 나라로 화장실 문화도 개선되어야 함을 지적하고 싶다.

서안 먹거리 중 명물이 있다고 알려진 3층 구조로 된 레스토랑을 찾아갔다. 얼마 전에 '강택민 공산당 주석'이 이곳에 들러 식사하는 모습의 사진

을 촬영하여 벽에다 큼지막하게 걸어 놓
고 영업을 하고 있다. 이러한 모습을 보면
서 잔뜩 기대를 하고 음식을 시켰다. 종업
원이 빵 2개와 대접 하나를 앞에다 갖다
놓는다. 아주 딱딱한 빵을 조그맣게 떼어
대접에 담아 놓으면 종업원은 번호표를
붙여서 주방으로 가지고 간다. 10분 정도
기다리면 따뜻한 소나 양고기의 육수를
부어서 가지고 나온다. 이것을 자기 입맛
에 맞게 향료 및 양념을 해서 먹는 요리였

탁본뜨기

다. 서안의 별미라 땀을 흘리며 먹어 보지만, 요란하게 자랑할만한 요리는
아닌 듯 싶다.

호텔까지 4km 거리를 도심의 시장 및 길거리 풍경을 살펴보며 걷는다.
짧은 치마를 휘날리며 오토바이나 자전거를 타는 여인네들 속 팬티의 다양
한 색깔이 이색적인 볼거리이다.

스물두번째 날

오늘이 실크로드 여행의 대미를 장식한 날로 아침부터 날씨가 흐려 빗방
울이 오락가락 한다. 이번 여행의 하이라이트는 유네스코가 지정한 세계문
화 유적지 '병마용갱'(兵馬俑坑)이다. 서안에서 진시황(秦始皇)능을 1.5km
지나 40km 거리에 위치한 토우군을 보려고 잔뜩 기대하고 버스로 1시간을
달려갔다.

진시황 릉

'병마용갱'은 진시황 능을 둘러싼 토우군으로, 2천년 동안 흙 속에 묻혀 있다가 다시 살아난 人馬의 무리가 모여 있는 곳으로 장대한 스케일을 느끼게 하였다. 달에서도 보인다는 만리장성을 쌓은 중국 최초의 통일국가 황제의 능에 어울리는 멋진 작품이다.

진시황 능은 현재 봉분만 남아 있지만 옛날에는 병마용갱을 포함하여 주위가 6.2km에 이르는 장대한 것으로 땅 속에는 웅장한 궁전이 만들어져 있었다고 한다. 시황제를 지키기 위해 만들어진 거대한 지하군단은 8천여 개로, 1974년에 양지계(楊志癸)라는 농민이 우물을 파다가 우연히 발견한 이후로 현재도 발굴 작업은 계속되고 있다. 병마용은 주로 병사·말·전차 등인데 모두 실물과 비슷한 크기로 진시황이 아니면 감히 할 수 없는 거대한 스케일이다. 수많은 병사들의 표정이 각기 다르다고 해서 화제가 되고 있다. 손에는 청동 무기를 들고 있는 것도 눈에 띈다.

진시황의 병마용갱

지하 병마용갱을 보고 있노라면 그 당시 이것을 만들기 위하여 강제로 동원된 사람들이 얼마나 진시황의 독재에 대하여 많은 원망의 마음을 품고 살았을까 하는 생각이 저절로 든다. 하지만 역사는 참으로 아이러니컬하다. 2천년 전 조상들이 독재에 시달리면서 만들어 놓은 병마용갱이 오늘날 세계 각국의 여행객들을 끌어 모아 관광수입을 올려, 서안 경제의 일익을 담당하고 있으니 진시황의 위대함에 칭송하지 않을 사람이 있을까.

병마용갱 내부는 사진 촬영이 금지되어 있다. 국영방송이 찾아간다고 해도 촬영의 허가를 받지 못하는 것으로 개인이 허락 없이 비디오나 사진을 찍다가 걸리면 카메라를 빼앗긴다고 들었다. 그러나 그것은 사실이 아니다. 나는 디지털 카메라와 캐논 카메라 두 대를 소지하고 들어가 내가 촬영하고 싶은

진시황의 병마용갱

대상물은 찍었다. 그러나 밖에는 심술궂은 비가 하염없이 내리고 있어 작품 사진에 대한 기대를 접어야 했다.

전시관으로 가는 것보다는 영상관에 들러 병마용갱의 역사적 배경과 발굴과정을 먼저 보니 전시관 관람에 도움이 되었다. 다음에 제1전시관, 제2전시관, 제3전시관까지 순서대로 보고 마지막으로 박물관을 둘러보았다.

'진시황 능'(秦始皇 陵)은 여산 북쪽 기슭에 높이 76m, 동서 340m, 남북 350m되는 작은 야산 형태이다. 진시황이 13세에 즉위하여 49세까지 재위기간 동안 자기 무덤을 만드는데 36년의 세월이 걸렸으며, 엄청난 국가예산을 무덤 조성에 사용하였다. 그 당시 사람들은 분명 내세가 있어서 현세와 똑같이 내세에서도 부귀영화를 누릴 수 있다고 믿었던 듯하다.

병마용갱은 진시황의 무덤이 아니고 무덤 앞에서 왕을 호위하는 전위부대인 셈이다. 처음에는 높이 130m의 거대한 능의 지하궁전은 내성 둘레

가 약2.5km, 외성 둘레는 6.2km로 통일국가 황제의 위용을 사후 세계에서도 과시하려한 허황한 꿈이 컸던 모양이다.

진시황의 전성기 때 만들어지기 시작해서 도굴방지를 위한 각종 장치를 설치했으나 진나라의 멸망과 더불어 거의 모든 보물이 약탈당하고 말았다. 능묘의 높이도 세월이 흘러 깎이어 지금은 76m로 줄어든 상태이다. 능의 정상까지는 계단을 따라 오르도록 되어있다.

계단 길 양쪽 언덕배기는 석류나무가 일정한 간격으로 들어서 과수원처럼 되었고, 탐스러운 빨간 석류열매가 알알이 벌어져 장관이다.

진시황 능은 실제로 볼거리는 없고 다만 역사적인 인물의 능에 올랐다는 데 의미가 있을 뿐이다. 천하를 호령한 진시황이 '죽음'이라는 단어조차 부정하고 불로불사(不老不死)의 신비 약초인 불로초(不老草)를 얻으려 수천 명의 동자를 풀어 삼신산(三神山)을 찾아 헤매었지만, 권세로 자신의 수명을 연장하려는 인간의 한계를 극복하지 못했다.

진시황 봉묘에 올라 내 자신을 되돌아보니 많은 생각이 오간다. 우리 인간사 화무십일홍(花無十日紅)인데 한 치 앞도 못 보고 제 잘났다고 아옹대는 모습이 초라하게 느껴졌다.

중국 사람들은 역사상 4대 미인으로 서시(西施), 왕소군(王昭君), 초선(貂禪)과 함께 양귀비(楊貴妃, 719-756)를 꼽는다. 려산은 진시황 능과 '화청지'(華淸池)라는 온천이 있어 유명하다.

서안 시내에서 동북쪽으로 30km 떨어진 려산은 주나라 때부터 있었던 곳으로 3천년의 역사를 지닌 온천지이다. 진시황도 이 곳에 화려한 려궁별관을 짓고서 려산탕에서 온천을 즐겼다고 한다. 이후 한무제, 수문제, 당태종 등이 모두 이 곳에 탕천궁을 만들어 자주 들렀다고 전해진다.

당나라 현종 황제는 양귀비와 로맨스를 나누기 위하여 대대적으로 탕천

궁을 보수하고 이름을 화청궁(華淸宮)이
라 하였다. 화청이라는 이름은 '온천물
이 솟아올라 물결을 이루고 아름답고
(華) 맑은(淸) 온천탕이 있어 늙기 어렵
다'는 뜻으로 '온천비용이자랑화청탕아
이난로'(溫泉毖湧而自浪華淸湯雅而難
老)에서 취했다 한다.

당 현종도 처음에는 현주(賢主)로서,
정치를 잘하였으나 총애하던 왕비가 죽

서안 화청지

자 비탄에 빠져 있던 어느 날, 경국지색의 미색을 가진 양귀비를 보고는 반
해 버렸다. 이때 양귀비는 현종의 며느리였는데 결국은 현종의 비가 되었
다. 이때가 현종은 초로의 55세이며 양귀비는 방년 21세였다.

그후 15년간 양귀비는 임금의 총애를 한 몸에 받으면서 온갖 부귀영화를
누렸다. 그러나 355년 '안록산(安祿山)의 난(亂)'이 일어나자, 양귀비는 38
세의 꽃다운 젊은 나이에 배나무 가지에 목을 매 자결하였다.

백낙천(白樂天 : 772-846)의 '장한가'(長恨歌)에는 그때의 모습을 이렇
게 적고 있다.

황성에 전쟁 연기와 티끌 일고
천승 만기가 서남으로 피난 떠난다.
어가와 깃발이 흔들흔들 가다가 다시 서고
서쪽으로 도성문 나서 백여리를 오더니
모든 군대 가지 않아 이를 어쩌나
힘써 버틴 양귀비도 말 앞에서 죽는구나.

꽃비녀 땅에 떨어져도 줍는 사람 아무도 없고

취요도 금락도 옥소루까지.

임금님 낯을 가려 차마 보지 못하고

구하려도 되지 않아

돌아보며 피눈물만 흘리더라.

양귀비 미인도

모든 부귀영화가 남가일몽(南柯一夢)에 일장춘몽(一場春夢)인 것을 덧없는 인생들이 뉘라서 알리요. 사랑도 가고 사람도 잠시 머물다 가는 세상사 이치를 그 누가 알까? 양귀비 무덤에 있는 흙을 바르면 예뻐진다는 낭설로 가는 사람, 오는 사람 모두 흙을 파 가는 바람에 지금은 아예 시멘트로 위를 발라 버렸다.

화청지의 물은 피부병, 신경통, 위장병 등에 좋다고 한다. 온천을 즐길 정도로 한가한 여행자도 없겠지만, 서안에 왔다가 화청지를 들러보지 않고 가는 여행자도 없을 것이다. 양귀비란 이름을 그냥 지나칠 남자가 있겠는가?

오늘도 화청지는 찾아온 관광객으로 초만원을 이루고 있다. 특히 목욕을 막 끝내고 가운으로 은밀한 부분만 살짝 가린 양귀비 조각상 앞에는 기념촬영하려는 사람들이 줄을 이어 차례를 기다리고 있다. 최근에 만든 듯한 이 석상이 사람을 끌어모으고 있는 것이다. 사람들을 끌어모으는 중국인의 기발한 아이디어에 감탄할 뿐이다.

화청궁 실내의 구조가 벽면으로부터 3m 폭의 난간을 돌면서 양귀비가

몸을 담갔다는 온천탕을 아래로 내려다보도
록 되어있다. 벽면에는 동양화가 빼곡히 걸
려 있고 관광객을 상대로 전시판매도 하고
있다. 특히 천하일색 양귀비를 모델로 해서
그린 3,000위안의 가격이 붙은 미인도가 나
를 유혹하였다.

　양귀비와 현종이 국운을 걸고 애틋하게
속삭이며 서로의 사랑을 확인하던 화청지를
뒤로 하고, 오후 3시경에 서안의 번화가인
'종루'에 도착하였다. 오늘 아침에 호텔에
서 이곳까지 왕복 2시간 정도 조깅으로 왔
었다.

　높이 38m의 종루(鐘樓)는 명나라(1384
년)때 만들어진 3층 건물로 이 곳에 오르면
전망이 좋다. 종루가 중심축이 되어 동서남

위) 서안 종루
아래) 서안 고루

북 4개 대로가 직선으로 뻗어나가고, 그 끝에는 동문·서문·남문·북문이
있다. 종루에서 우측으로 300m 떨어진 곳에 종루와 같은 규모의 고루(鼓
樓)가 있다. 종루는 2층 난간에 종을 달아 놓았고, 고루는 신문고처럼 북을
달아 놓은 것으로 구별이 된 것 같다.

　종루 맞은 편에는 서안에서 제일 큰 백화점이 자리하고, 종루 지하상가는
중국산 제품으로 주류, 의류, 신발, 가방, 잡화, 선물류 등의 상품이 진열되
어 있는데 품질도 좋고 비교적 싼값에 살 수 있는 곳이었다. 적은 배낭(100
위안)과 도수가 높은 고량주 2병(100위안), 반소매 티셔츠(20위안), 남방
(30위안) 등을 하나씩 구입하고 숙소로 돌아왔다.

서안 종루에 있는 백화점

호텔 입구에 들어서자 기다리고 있던 일행들이 빨리 오라고 서두른다. 오늘이 이번 여행의 마지막 날이라며 유명한 레스토랑에 가서 쫑파티를 하자며 끌고 나간다. 싫어할 내가 아니다. 조금 전에 시장에서 산 고량주 2병을 들고 따라나섰다.

밤 10시가 되도록 술잔을 주고 받으며 즐거웠던 여행을 되돌아보고 각자의 소감들을 이야기했다. 아들 같은 좋은 친구들에게 감사하는 마음으로 회식비를 지불하고 모두 호텔로 돌아왔다.

스물세번째 날

서안 함양공항을 중국서북 항공편으로 9시 20분 출발하여 1900Km를 약 2시간 30분 정도 날아 인천 국제공항에 도착하였다. 공항에는 사랑하는 아내와 아들 동영이가 마중 나와 있었다.

오랜만에 건강한 모습으로 이루어진 소중한 가족과의 재회가 한없이 반갑고 기쁘다. 여행기간 동안 면도를 하지 않아 무질서하게 자란 수염을 보고 아내의 잔소리가 시작된다. 그래도 마음은 평온하고 아늑하다.

이 곳도 장마가 지나가고 맑게 갠 날씨로 한낮의 수은주가 32℃를 오르내리고 있어 무척 덥게 느껴진다. 45℃가 넘은 투르판의 폭염에도 무난히 견딘 내가, 32℃를 걱정하는 것을 보면 마음이 해이해져 긴장이 풀린 모양이다.

짧은 기간 동안 파키스탄 라호르→라왈핀디→페샤와르→스왓→칠라스→길기트→훈자왕국으로 이동하여 카라코람의 거봉들을 바라보며 훈자랍패스를 지나서, 중국 국경을 넘어→탁스쿠르칸→카슈가르→우루무치→투르판→돈황→란주→서안까지 실크로드를 역코스로 여행을 하였다.

남쪽으로는 끝없이 타클라마칸 사막이 펼쳐지고 드높은 하늘을 향해 우뚝 솟아 있는 천산산맥, 히말라야산맥이 실타래처럼 엉키고 설켜 있는 땅, 동·서양의 문화교류에 가장 중요한 역할을 한 실크로드를 확인하려고 노력했다. 서구문화, 인도문화, 중국문화 그리고 한국문화가 마르코폴로, 한나라의 장연, 당나라의 현장, 신라의 혜초 그리고 동서 문화를 잇는 대상들에 의해 수천 년 동안 대륙을 가로지른 비단길, 메마른 사막과 깎아지른 듯한 험준한 산맥과 계곡 그리고 다양한 종족과 수많은 역사의 발자취를 실크로드를 통해 체험하고자 하였다.

또한 극한 상황 속에서도 모든 것을 극복하고야 말겠다는 도전정신을 확인하고 싶었다.

동 ·서양을 이어준 문명의 통로인 실크로드는 인류 역사에 화려한 추억들을 간직한 길목이었음을 확인하고 돌아왔다.

다른 나라를 여행했을 때보다 몸 상태가 좋지 않아 걱정스러운 마음으로 시작했던 여행이지만, 23일 동안에 걸쳐 실크로드를 여행하면서 참 많은 것을 보고 느꼈다. 현지인과 현지 풍경을 배경으로 800여 장을 촬영한 사진을 보며 그곳에서의 감회를 다시 한 번 느껴보며 다시금 행복에 젖어 본다.

동북아와 초원길

카자흐스탄
흑해
그루지야
아랍해
타슈켄트
탈라스
아르메니아
카르기니스탄
터키
아제르바이잔
투르크메니스탄
사마르칸트
테헤란
파미르고원
레바논
시리아
바그다드
마슈하드
아프카니스탄
이스라엘
예루살렘
요르단
이라크
이 란
파키스탄
쿠웨이트
네팔
뉴델리
아랍에미리트
인 도
사우디아라비아
오만
아라비아해
에멘
초원길
저자 여행길
인 도 양

러 시 아
바이칼
몽 골
울란바토르
코룸
백두산
고비사막
몽고고원
서안
북경
동해
대한민국
서해
중 국
티벳고원
부탄
동중국해
태 평 양
방글라데시
미얀마
라오스
타이
베트남
캄보디아
남중국해
말레시아
싱가포르

동북아 대장정의 길에 오르며

D그룹 산악회를 따라 카자흐스탄에 위치한 칸텡그리(7,101m) 등반을 나서볼까 하고 계획을 세우고 있던 나는 선뜻 따라 나서겠다는 결심을 굳히지 못하고 있었다. 나는 전문 산악인이 아니고 지구촌 오지를 찾아다니는 여행자이기 때문에 칸텡그리 등반을 망설이고 있었던 것이다.

그러던 어느 날 A여행사의 J사장으로부터 이번 여름에 백두산 – 바이칼 – 고비사막 – 북경으로 이어지는 동북아 대장정 길에 참가하지 않겠느냐는 연락이 왔다.

며칠의 말미를 얻어 고심한 끝에 J사장의 제의를 받아들여 동북아 배낭 여행길에 나서기로 결정을 내렸다.

그러나 여행을 떠나기 까지의 길은 어떤 여행보다도 멀고도 힘했다.

여행을 준비하던 중 갑자기 요도가 막혀 병원 응급실로 실려 가는 사건이 발생한 것이다. 서울 아산병원에서 혈액검사와 초음파검사를 받았고 7월 13일 조직검사를 받기로 예약하면서 후유증에 책임을 묻지 않겠다는 각서까지 썼다. 조직검사 이후 2주 정도의 회복 기간이 필요하기 때문에 여행은 힘들 것이라는 의사의 소견이 있었다.

검사를 9월로 미루고 여행에 참가하겠다고 하니 담당 간호사는 눈이 동그래지더니 병이 더 악화되면 치료의 시기를 놓칠 수도 있다고 협박하는 듯한 어투로 차갑게 말했다.

그러나 나는 만약 내가 중병이라도 걸렸다면 이번 여행이 마지막이 될 수도 있겠다는 생각에 꼭 참가하겠다는 의욕이 병마를 앞서고 있다.

의사와 가족들을 비롯한 많은 지인들의 반대에도 불구하고 나는 고집을 꺾지 않았다.

7월 15일, 억수로 퍼붓는 빗줄기를 맞으며 OT 참석차 여행사를 찾아가니 낯익은 얼굴들이 기다리고 있다. 이번에 동행할 여행자 중 두번째 혹은 세번째 만남도 있어 여간 반가운 일이 아닐 수 없었다.

P여선생님은 실크로드와 아프리카에서, 부산에서 온 K여선생님도 아프리카에서, B사장은 중남미에서 만난 인연으로 또 다시 동북아를 한 달 동안 동행하게 되었으니, 우연이라 하기에는 너무도 질긴 인연들이 아닌가 싶다.

그들의 얼굴을 보니 건강에 대한 걱정은 저만치 사라지고 이번 여행에 대한 기대감만이 나를 설레이게 했다.

바이칼
카라코룸 몽골
울란바토르
몽고고원
백두산
카자흐스탄
아랄해
고비사막
북경
혹해
그루지야
카스피해
아르메니아
아제르바이잔
투르크메니스탄
카르기니스탄
파미르고원
대한민국 동해
서해
지중해
레바논
시리아
이스라엘
요르단
이라크
쿠웨이트
이란
아프카니스탄
파키스탄
티벳고원
중국
히말라야산맥
네팔
부탄
동중국해
아랍에미리트
오만
인도
방글라데시
사우디아라비아
미얀마
라오스
아라비아해
에멘
타이
베트남
캄보디아
벵골만
남중국해
말레이시아
인 도 양
싱가포르

白頭山

백두산

7월 26일, 아들 동영이가 인천항까지 데려다 준다고 하는 것을 거절하고 인천행 전철에 올랐다. 동인천역에서 하차한 후 시내버스로 환승하여 인천 제1 국제 여객터미널에 도착하였다.

출발 3시간 전까지 터미널 대합실에서 여행을 같이할 일행들을 만나기로 되어 있었는데 대부분의 일행은 일찍 나와서 기다리고 있었다.

이번 여행을 같이할 일행은 가이드를 포함하여 무려 19명이나 되어 인원이 너무 많다는 생각이 들어 걱정이 앞선다. 인원이 많으면 패키지 여행과 달리 교통편이나 숙소가 예약되어 있지 않아 이동하고 숙소를 정하는데도 많은 제약이 따를 수밖에 없기 때문이다.

그러나 우리 일행은 함께 여행을 하게 된 것을 기쁘게 생각하며 반갑게 인사를 나누고 즐거운 여행이 되도록 덕담을 주고받으며 출입국 관리소에서 수속을 밟았다.

중국 선적 '동방명주호'는 1만 648톤급으로 길이가 126.3m이고 정원은 425명이며 인천과 단동을 오가는 국제 정기여객선이다. 오후 5시가 되자 동방명주호는 뱃고동을 울리고 파란 바다를 가르며 단동을 향해 서서히 움직이기 시작했다.

선실에는 중국과 백두산을 찾아가는 여행객도 많았지만 주로 인천과 단동을 왕래하는 조선족 보따리 상들로 시끌벅적했다.

그 동안 주로 비행기로 창공을 날던 여행이었는데 여객선을 타고 망망대해의 아련한 수평선을 보고 있노라니 새로운 세상 속으로 빨려들어가는 듯하였다.

새벽녘에 눈을 뜨고 갑판 위로 올라가니 보이는 것은 검푸른 바다 뿐이었다. 밤새도록 잠도 안 자고 흰 물살을 일으키며 동방명주호는 바다 위를 나아가고 있었다.

　새벽이라 바람결은 차가웠지만 신선한 새벽 바다의 물결은 그야말로 싱싱해 보였다. 아직 아무 것도 나타나지도 보이지도 않는 바다의 검푸른 물결 뿐인 세상….

　그동안 수많은 나라를 찾아 여행을 다녔지만 이렇게 어디가 어디인지 알 수가 없는 적도 없었다.

DATE *두번째 날*

　'중국'은 장구한 역사와 남북한을 합한 43배 (960만㎢: 세계 3위)의 거대한 면적의 국토를 가진 나라인 만큼 풍부한 문화 유적과 빼어난 산수를 자랑하고 있다. 만리장성, 자금성, 진시황 병마용 등을 비롯하여 우리 민족

단동–압록강 대교

중국은 65%가 산지, 35%가 평지인 나라다. 산지는 서부지역 중심에 많이 분포하고 있다. 황하, 양쯔강, 주장강 등 큰 강 유역에 평야가 발달하였고, 산지와 고원, 사막과 초원으로 나눌 수 있다. 중국은 넓은 국토를 이용하여 농업이 발달하였으나, 공업 중심으로 바뀌어 가고 있다. 평야 지대인 동부에 인구가 집중되어 있고, 동부의 도시들을 중심으로 공업이 발달하고 있다.

최근에 시장 경제 원리를 도입, 풍부한 노동력으로 빠르게 경제 성장을 하고 있다.

중국의 면적은 아시아의 5분의 1 정도를 차지하며, 약 957만 2900㎢ 이다. 전 세계 육지의 15분의 1을 차지하는 넓은 면적의 영토를 가지고 있다. 지역에 따라 한랭 기후부터 아열대 기후까지 다양한 기후 모습을 보인다.

1. 수도-베이징(北京)
2. 시차-한국보다 1시간 느리다
3. 화폐-인민폐 단위는 원(元, 위엔=塊), 각(角, 지아오=毛), 분(分, 펀)이다.
4. 언어-일반적으로 한어(漢語)로 불리는 중국어는 세계에서 가장 많은 인구가 사용하는 언어이며 표준어를 보통화(普通話)라고 한다. 중국에는 지역에 따라 방언이 심해 중국인 사이에서도 의사소통이 안 되는 경우가 종종 있는데, 최근에는 정부차원의 국어사용 운동으로 표준어 사용이 활발해지고 있다.
4. 종교-종교 신도 수는 약 2,000만 명으로, 대부분은 도교·불교 신자이며 나머지는 이슬람교도가 2~3%, 그리스교도가 1% 정도를 차지한다. 중국 헌법 제36조에는 정상적인 종교 활동의 자유를 보장하고 있지만 문화혁명 과정에서 사원·교회 등이 홍위병(紅衛兵)에 의해 공격받아, 모든 종교 활동이 이루어지지 못하였다. 그러나 중국의 개혁 이후 종교도 과거에 비해 활발한 추세를 보이고 있다.

의 영산인 백두산, 상해, 중경의 대한민국 임시정부청사 등 우리 민족에게 특별한 의미를 갖는 유적과 관광지들이 많다.

또한 세계에서 유일하게 표의문자(뜻글자)를 쓰고 있는 나라이며, 세계 최대의 인구를 지닌 나라이다. 중국 인구는 현재 13억을 넘어서고 있어 중국 정부는 인구의 급속한 증가를 막기 위하여 한족(漢族)에 한해 1가구 1자녀 정책을 펴왔다. 하지만 이런 정책의 역효과로 농촌 지역에서는 호적에 오르지 못한 아이들이 증가하여, 이런 아이들을 흑해자(黑孩子:헤이하이즈)라고 부르고 있다. 중국 정부의 강력한 인구 억제책에도 불구하고 2025년에는 인구가 15억이 넘을 것으로 추정되고 있다.

중국은 56개의 민족으로 이루어져 있으며, 그 중 94% 이상을 한족(漢族)이 차지하고 있으며 장족, 회족, 묘족, 만주족 등 55개의 소수 민족이 나머지 6% 정도를 차지하고 있다. 그중 우리나라와 밀접한 관계를 지닌 조선족은 약 200만 명 정도로, 이들 대부분은 연변 조선족 자치구에 살고 있다.

국토가 넓어 기후의 변화도 한 나라 안에 다양하게 나타나고 있다. 여름 기온이 40℃를 오르내리는 양자강 유역이 있는가 하면, 겨울 기온이 −30℃까지 내려가는 동북지방도 있다. 실크로드 지방에서는 밤낮의 기온 차가 20−30℃까지 나기도 한다.

장대한 대륙을 닮은 중국인의 성격을 가장 핵심적으로 표현한 말은 '만만디'(慢慢地)이다. 중국인은 성격이 느긋하고 대범하다. 또 중국인은 관계(關係)를 중요하게 생각하고 그 중에서도 신용을 첫째로 꼽는다. 이 때문에 중국인은 쉽게 속을 드러내지 않고 깊이 친해졌다는 생각이 들 때만 비로소 자신의 생각을 드러낸다. 따라서 중국인과 교류하기 위해서는 '관계' 라는 말부터 이해해야 하고 많은 시간을 투자해야 한다.

중국 전체의 표준 시차는 한국보다 1시간이 느리다. 통화는 인민폐(RMB) 단위는 원(元, 위엔=塊), 각(角, 지아오=毛), 분(分:펀)이다. 1元=10角=100分으로 1元 이하의 단위는 동전과 지폐가 함께 사용되는데, 특히 남방 지역으로 갈수록 동전이 많이 유통되고 있다. 그리고 갈수록 分 단위의 화폐는 사용이 사라지고 있다.

지폐는 5元, 10元, 50元, 100元짜리 지폐를 사용하는데, 지폐를 제시할 경우 기계에 대고 판별하는 장면을 볼 수도 있다. 중국과 한국의 환율은 1元에 148원이나, 현지에서는 160원으로 교환해 주고 있다. 특히 중국은 각 백화점에서 한국 화폐와 카드가 자유롭게 통용되어 여행객이 쇼핑하는데 아무런 제약을 받지 않는다.

　구름이 잔뜩 낀 날씨로 소나기가 자주 지나가지만 바다가 잔잔하여 여객선이 롤링 없이 항해를 계속하고 있다. 차츰 저 바다 위로 북한의 어느 곳인지는 알 수 없으나 섬들이 나타나기 시작한다.

　드디어 인천항을 출항한지 16시간 만인 오전 10시에 동방명주호는 '단동항'에 도착하였다. 워낙 내리는 승객들이 많아 배낭을 챙겨 내리는데만도 1시간 이상이 소요되었다. 내리자마자 단동항 터미널까지 데려다 주는 버스를 타고 10분 정도를 갔다. 그곳에서 까다로운 입국절차를 마치고 밖으로 나와 택시기사와 40위엔에 흥정하여 40분을 달려 단동시내로 들어왔다.

　단동역 주변에 있는 '상화빈관'에 숙소를 정하는 과정에서 실랑이를 벌이느라 많은 시간을 보냈다. 처음에 10위엔에 해 준다고 했다가 막상 배낭을 내려놓으니 20위엔이라고 우겼기 때문이다. 중국을 상대로 교역하는 우리나라 기업들이 얼마나 힘들 것인지를 가히 짐작 하고도 남음이 있다.

　단동시의 옛 이름은 '안동'(安東)이었으나 1965년 단동(丹東)으로 개명

단동항

하였으며, 그 뜻은 '아침 해가 뜨는 붉은 도시'란 뜻이란다. 요녕성에 위치한 면적 1만 4,918㎢, 인구 250만의 중국 최대의 국경도시로 북한의 신의주와 압록강을 사이에 두고 마주하고 있다.

숙소에서 두 블록 거리를 걸어서 말로만 듣던 압록강 대교를 찾아 나섰다. 우리 민족의 한이 많이 서려 있는 역사의 현장을 둘러보았다. 대교 밑으로 흑황색 강물이 교각 중간 부분까지 출렁이며 유유히 흘러가고 있다.

1931년에 시공된 압록강 대교의 길이는 946m이다. 도로와 철로가 공용으로 사용되는데, 현재는 단동과 신의주를 잇는 중요한 교통의 요충지로서 '조중 우의대교'라고도 불린다. 그러나 철교는 신의주 쪽 교각이 한국전란 당시 미군의 폭격으로 파괴되어 지금도 복구되지 못한 채 그대로 남아 있어 전쟁의 상처를 새삼 느낄 수 있다.

유람선에 올라 단교된 교각 사이로 압록강을 오르내리는 사이 북한의 '위화도'에 이르렀다. 이 섬은 다행히 북한 지역이라는데, 고려 말 이성계가 왕명을 거역하고 말머리를 돌려 한 나라의 역사를 바꾸게 된 계기를 마련한 장소이기도 하다. 오늘의 위화도는 띄엄띄엄 세워진 북한 초소에 경비병이 한가로운 모습으로 서 있어 아주 고즈넉한 분위기이다.

압록강 오른 편의 단동과 왼편의 위화도 건물이 무척 대조적이다.

중국은 개방 후 온 나라가 개발붐으로 온통 야단법석이다. 가는 곳마다 길을 새로 내거나 넓히며 포장하고 고층 건물을 짓고 있다. 국경도시 단동에도 초고층 빌딩이 하늘 높이 솟아올라 현대 도시다운 생동감이 넘쳐나고 있다.

그러나 북한쪽 신의주와 위화도는 회색빛 초라한 옛 건물 모습에 빨간 글

씨의 선전문구만 요란하여 보는 사람들을 서글퍼지게 하였다. 하루 속히 철교가 연결되어 철의 실크로드 시대가 열리면서 통일 한국이 동북아의 중심 국가가 되기를 기원해 본다.

민족의 영산 백두산을 가기 위해 새벽 5시 48분발 백하행 기차를 타려고 쏟아지는 소낙비를 맞으며 단동역으로 나왔다. 역 주변에서 녹두죽과 몇 개의 만두로 아침식사를 해결하고 기차에 올랐다.

단동에서 택강역까지 46위엔에 차표를 끊었지만 옆 좌석에 앉은 중국인 새댁이 백두산을 가려면 종점역인 백하에서 내려야 한다고 가르쳐 주었다. 승무원에게 추가 비용으로 18위엔을 주고 백하역까지 연장된 표를 끊었다.

기차는 우리나라의 60년대 이전의 완행열차 수준이었다. 승객은 많아 복잡했고 불결한 환경인데다 역마다 쉬면서 가고 있어 지루하기 그지 없었다.

철로변 광활한 평야에는 옥수수 밭이 끝자락이 보이지 않게 이어지고 가끔 전원풍의 농촌이 여기저기 보이기도 한다. 최근에 철길을 따라 개통된 고속도로가 보이지만 차량 통행이 별로 눈에 뜨이지 않는다.

백하역에 도착하니 밤 12시였다. 무려 18시간이나 달려 목적지에 도착한 셈이다.

역에서 내려 대합실로 나오니 어느 낯모르는 아주머니가 내 이름을 큼직한 종이에 써서 들고 사람을 찾고 있어 깜짝 놀랐다. 그러나 나는 이 곳에 아는 사람이라곤 전혀 없기에 나를 찾을 리는 없고 나와 동명이인인 누군가를 찾는 것이라 생각했다.

　　심양을 거쳐 먼저 와있는 성명숙 선생 부부가 숙박업소 아주머니를 데리고 역까지 마중을 나왔을 것이라고는 꿈에도 생각지 못했었기 때문이다.

　　나를 찾는 그 아주머니의 안내를 받아 숙소로 향했다. ‘祥和賓館旅社’에 숙소를 정하고 여장을 푼 것은 새벽 1시가 넘어서였다.

네번째 날

　　아침 일찍 일어나 커튼을 밀치고 창 밖을 바라보니 하늘 아래 첫 동네라는 ‘이도백하’(二道白河)가 자욱한 안개 속에 희미한 햇빛을 받으며 하루를 열고 있다.

　　마을은 여러 채의 공동 주택으로 형성되었고 20~30m 크기의 미인송 30여 그루가 하늘을 향하여 시원스레 곧게 뻗어 있다.

이도백하의 백인송

백두산 천지

　오늘은 우리 민족의 영산이며 마음의 고향이라 할 수 있는 곳, 그리고 이번 여행의 하이라이트인 백두산을 관광하는 날이라 아침부터 마음이 설레었다.

　조선족이 운영하는 한식집에서 두부찌개로 아침식사를 하고 점심 도시락까지 준비하였다. 그런데 아침식사 전까지 백두산 관광을 다녀올 때까지 배낭을 맡아주겠다고 하던 조선족 아주머니가 갑자기 마음이 돌변하여 맡아주지 못하겠다고 한다. 자기가 소개한 차량을 이용하지 않고 다른 차량을 이용하여 백두산에 오르려 하는데 대한 불만의 표시인 것 같다.

　할 수 없이 어제 밤에 묵었던 숙소에 방을 정하여 짐을 보관시키고 봉고차를 1인당 40위엔을 주기로 하고 10명씩 분승하여 백두산 북파코스로 향하였다.

　'백두산'(白頭山)은 한반도의 등줄기 백두대간의 출발점이자 송화강과 압록강, 두만강의 시원이 되는 천지(天池)를 품은 민족의 성산(聖山)으로 한민족 개국 신화의 배경이기도 하다. 또한 행정 구역상 북한의 양강도 삼지연군과 중국 동북지방(만주)의 길림성이 접하는 국경에 있는 한국 최고봉의 산이다. 북위 41°31′ – 42°28′, 동경 127°9′ – 128°55′에 걸쳐 있다. 해발고도는 2,744m이며, 총면적은 약 8,000㎢이다.

북쪽으로는 장백산맥이 북동에서 남서방향으로 뻗어 있으며, 백두산을 정점으로 남동쪽으로는 마천령산맥이 2,000m 이상의 연봉(連峰)을 이루면서 종단하고 있다.

이도백하를 출발한 자동차는 잘 포장된 산길도로를 따라 잘도 달린다. 차창 밖으로 자작나무와 전나무, 미인송이라 불리는 소나무들이 쭉쭉 뻗은 숲이 펼쳐지는 아름다운 풍경을 볼 수 있다. 그러나 수목생장의 한계선인 해발 1,700m을 지나면서부터는 키가 작은 관목과 야생화가 스치고 지나가는 바람결에 한들거리고 있을 뿐이다.

장백폭포를 향하여 자동차로 40분 정도 달리니 '장백산보호구'에 도착하였다. 관리사무소 매표소에 1인당 입산료 60위엔과 보험료 5위엔을 내고 표를 끊었다.

장백산(백두산) 매표소

등반객을 제외한 관광객 대부분은 이 곳에서 중국 당국이 운영하는 지프차를 타고 15분 정도 구불구불한 시멘트 포장도로를 따라 백두산 정상 바로 아래 주차장까지 간다.

주차장에서 불과 150m를 걸어 올라가면 천지가 내려다 보이는 천문봉이라고 한다.

우리가 탄 자동차는 매표소 입구를 지나 장백폭포 주차장에 도착하여 모두 내렸다. 이 곳에서 천지까지 한 시간 정도 걸어가면서 웅장한 장백폭포

장백폭포 전경

앞에 멈추어 감탄사를 연발하며 기념사진을 촬영하였다. 천지의 북쪽 천황봉과 용문봉 사이의 달문에서 흘러나오는 물이 1,250m 길이의 승사하를 지나 벼랑을 만나 낙차 68m의 시원한 물줄기가 쏟아져 내린다. 세 갈래 물줄기가 하얀 물보라를 일으키며 떨어지는 모양이 마치 용이 날아서 승천하는 모습 같다 해서 '비룡폭포'라고도 불린다.

장백폭포를 끼고 가파른 시멘트계단과 동굴이 만들어져 있는데, 이곳을 숨을 헐떡이며 오르면 평원이 나오고 이곳저곳에 야생화가 만개하여 장관을 이루고 있다.

폭포 쪽으로 흐르는 물줄기를 따라서 거슬러 올라가니 해발 2,155m 높이에 위치한 화산 분화구인 천지가 눈앞에 펼쳐지고 있다. 전체 면적은 10㎢, 둘레는 13.4㎞, 평균 수심은 204m, 그중 가장 깊은 곳은 313m이란다. 천지는 11월에 얼었다가 6월이 되어야 녹는데 얼음의 두께가 1.2m에 이르

백두산 천지

며 수질이 깨끗하여 먹을 수도 있다.

그 동안 말로만 들었던 우리 민족의 영산 백두산 천지가 모습을 드러내고 있다. 타원형으로 된 천지를 16개의 봉우리가 병풍처럼 둘러싼 웅장한 모습이 푸른 호수물 위에 반영되고 있다.

최근 일주일 동안 안개구름과 비로 인하여 천지가 얼굴을 드러내지 않아 이 곳을 찾은 많은 관광객이 실망하며 그대로 돌아서 가곤 했단다. 매년 성수기가 되면 장백산을 찾는 관광객이 하루 평균 3,000명 정도가 몰려오지만 제대로 천지를 보고 가는 사람은 30% 미만이라고 한다. 우리 일행 중에는 천지를 세 번 찾아왔다가 이번에 처음으로 천지의 얼굴을 보고 돌아가게 되었다며 좋아하는 친구도 있었다. 그렇게 보기 어려운 천지를 볼 수 있는 행운을 얻으니 하늘을 날아갈 듯 하였다.

우리 민족의 성산인 백두산을 중국에서는 장백산(長白山)이라 부르고 있으며 5분의 2는 중국이, 나머지는 북한이 관할하고 있다. 이번 여행에는 중국의 장백산에 올라 천지를 배경으로 북한 측 최고봉인 장군봉(2,750m)을 바라보고 돌아가지만, 살아 생전 기회가 주어진다면 장백산이 아닌 백두산 장군봉에서 천지를 내려다볼 날을 기원해 본다.

천지의 전경을 디지털카메라에 담아 보려고 장소를 옮기며 시도해 보지만 들어오지 않는다. 천지에 상주한 조선족 전문사진사가 4만원을 주면 필름 한 통에 천지의 전경을 광각렌즈로 담아 주겠다고 유혹한다. 일행 4명이 3만원에 흥정하여 각각 4장씩 찍고 필름을 인수받았다. 시간이 지난 얼마

후에는 촬영료도 1만원까지 할인해주는 해프닝도 벌어졌다.

천지의 기후가 시시각각으로 변화무쌍하여 금방 운무가 밀려오며 빗방울이 떨어져 아쉬움을 뒤로 하고 하산을 서둘렀다.

장백폭포 주차장까지 내려와 준비해 온 도시락으로 허기진 배를 채웠다. 중식 후에 목욕탕 들러 수질이 좋

백두산 천지

기로 유명한 백두산 온천수에 한가로이 몸을 담가 피로를 풀어 본 여유를 가졌다. 온천에 목욕을 하면 여러 가지 질병을 치료할 수 있다하여 '신수'라고 전해지기도 한다. 최고 온도가 82℃에 달하여 흘러가는 노천에 계란이 삶아져 상인들이 계란을 쌓아 놓고 팔고 있다.

주차장과 장백폭포 사이에 난립한 여러 개의 기념품 가게들은 주변 경관을 해치고 있어 눈살을 찌푸리게 한다. 민족의 영산 백두산과 더불어 살아가는 이 곳 상인들은 산 때문에 돈을 벌기도 하지만 그 산 때문에 점차 순수함을 잃어 가고 있는 듯해 안타까운 생각이 들었다. 이도백하로 돌아온 일행들은 오후 3시경에 다음 목적지인 연길 행 완행버스에 올랐다. 연길을 향한 버스는 중간마다 마을을 들르며 가고 있으나 도로사정이 별로 좋지 않다.

버스는 3시간 30분을 달려 중국 동북지구 길림성 연변 조선족 자치주의 주도 '연길'에 도착하였다. 인구는 약 40만(2003)이며 그 중에 조선족이 60%로 인구 13억의 대 중국에서 우리 동포가 당당하게 자치를 실현하고 있는 중심지이며, 600만 해외동포 가운데에서 자치권을 확보하고 있는 유일한 도시이다.

중국 동북 길림성 동부에 위치해 있는 연변조선족자치주는 중국, 러시아, 북한 3국 접경 지대에 위치해 있다. 1952년 9월 3일에 성립된 연변조선족자치주는 총면적이 42,700평 방키로 미터에 달하고 연길, 훈춘, 도문, 돈화, 룡정, 화룡 등 6개 시와 왕청, 안도 2개 현을 관할한다. 주정부소재지는 연길이다. 연변조선족자치주의 총인구는 220만 명이다. 그 가운데서 조선족인구는 85만 4천명으로서 전 주 인구의 39.7%를 차지하고 한족인구는 전 주 인구의 57.4%를 차지하며 기타 소수민족으로는 만족, 회족, 몽골족, 쫭족 등이다.

한중수교 이래 수많은 한국인 여행객의 발길이 끊이지 않고 있는 곳이기도 할 뿐만 아니라 시내 점포의 간판도 대부분 한글과 중국어가 동시에 표기되어 있다. 택시 기사들도 한국말을 약간씩은 할 줄 알아서 시내를 돌아다니는데 아무런 불편이 없다. 가끔 조선족 여인들이 고유의상인 한복을 곱게 차려 입고 나들이 하는 모습이 고향에 찾아온 듯 정겹게 느껴진다.

연길 역 주변에 위치한 '대하호텔'에 숙박료 20위엔을 주고 숙소를 정한 다음 저녁식사를 하려고 호텔을 나왔다. 조선족이 경영하는 식당에 들러 냉면을 주문하였는데 식초를 너무 많이 사용하여 시큼한 맛이 강해 먹기가 역겨웠다.

식당을 나와 시내 중심가의 야경을 즐기기 위해 돌아다니다 어느 점포 간판에 '발 마사지'가 한 시간에 20위엔이라고 적혀 있다. 일행들은 약속이라도 한 듯 들어가서 마사지를 받아 보자는데 의견이 모아졌다. 아가씨들의 부드러운 손길에 백두산 트레킹으로 무겁고 부어올랐던 장딴지가 풀린 듯 한결 가벼워졌다.

산뜻한 기분으로 호텔로 돌아와 연길에서의 첫 날을 보낸다.

다섯번째 날

연길은 여행지로서의 특별한 볼거리가 없어 하얼빈을 가기 위한 경유지로 들렀으나, 잠시 시간을 내어 기차로 한 시간 거리에 있는 조용한 국경도시 도문을 찾아 나섰다.

역에서 내려 15분 정도 걸어가니 '도문강'이 나온다. 강 주변의 야트막한 언덕에 오르니 북한의 남양시와 산천이 건너 보이고 파란 하늘이 비친 강물이 분단 조국의 현실을 말해 주는 듯 하였다. 손을 뻗으면 닿을 듯한 북한과는 100m 길이의 도문대교와 철교로 이어져 양국의 국경수비대가 날카로운 눈빛으로 이방인을 지켜보고 있다.

어제 밤 길잡이 우르자가 조선족 청년에게 하얼빈까지 가기로 투어버스를 예약하고 800위엔을 계약금으로 지불했다고 한다. 오전 12시까지 투어버스가 호텔 앞으로 오기로 되어 있었으나 오후 3시가 넘어도 연락도 되지 않고 나타나지도 않았다. 연길에 대한 정확한 정보 부족과 길잡이의 경험 부족으로 조선족 삐끼에게 사기를 당한 것이다.

연변지역에 거주한 대부분의 조선족들은 한국인에 대한 좋은 감정을 갖고 있었다고 한다. 초기에는 동포로서 친근감과 구세주처럼 느껴졌던 한국인들이 지금은 원망과 질시의 대상이 되고 있다. 그 동안 연변지역을 방문한 한국인들이 거들먹거리며 무례한 행동으로 동포들에게 많은 상처를 안겨 주었기 때문이다. 총각이라 속이고 결혼을 빙자하여 조선족 처녀를 울리는가 하면, 한국에 데리고 나가서 취업을 알선해 주겠다며 금품을 요구하는 사기가 허다하였고 한다. 이런 상황이 되다보니 한국에서 온 여행객을 상대로 안내를 빙자한 삐끼들이 성행하여 주의가 요망된다.

그러나 이 곳에 와서 분명하게 느낄 수 있는 것은 조선족들은 한국이 부를 가져다 주는 약속의 땅으로 알고 기회만 있으면 한국행을 추진하고 있다. 공무원의 월급이 한국 돈으로 5만원 미만이라 한국의 건설 현장에서 막노동을 해도 일당이 이 곳 월급을 능가하니 수단방법을 가리지 않고 한국행을 추진하고 있는 것이다. 현지 동포들의 말에 의하면 네 집 건너 한집은 가족 중 한 명이 한국에 나가 있다고 한다.

앞으로 여행 일정을 길잡이에게만 의지할 수 없어 원로 몇 사람이 챙기기로 했다. 연길역 앞 광장에서 하얼빈으로 출발하는 침대 버스가 하루 한 차례씩 있어 티켓을 90위엔에 구입하여 버스에 올랐다. 오랫동안 시간을 끌던 버스는 입추의 여지가 없이 초만원으로 오후 4시 30분이 되어 하얼빈으로 향한다.

출발할 때부터 소나기가 쏟아졌는데 천정으로 스며드는 빗방울이 제법 많이 떨어진다.

처음 타보는 침대 버스는 외부에서 보면 약간 높아 보이는 일반버스이다. 바퀴 부분 1층은 화물칸, 내부를 2층과 3층으로 분리하여 바닥에 합판을 깔아 앉아서 갈 수는 없고 누어서만 가는 버스였다. 통로가 없기 때문에 2시간마다 버스가 용변을 볼 수 있도록 멈추면 포복 상태로 기어 나와야 한다.

영원히 기억될 침대 버스에 S 선생 부부도 좌석권 없이 버스에 올라 우여곡절 끝에 동행하게 되었다.

여섯번째 날

최악의 침대 버스가 '하얼빈'(哈爾濱)에 도착한 시간은 아침 7시 30분으로 무려 15시간을 새장에 갇혀 온 셈이다.

연길까지는 조선족이 많이 살고 있어 어느 정도 의사 소통이 가능했지만 이 곳 하얼빈은 전혀 새로운 세계로 모든 것이 생소했다. 가이드북에 나와 있는 조선족이 경영하는 흑룡강성 신문사를 손바닥에 볼펜으로 써서 택시 기사에게 보여주며 찾아 나섰다. 신문사 주변에는 조선족 교포가 숙박시설을 갖추고 한국에서 여행자들이 찾아오면 숙식과 여행 정보를 제공해 주며 머무르다 가는 곳으로 소개되어 있다.

그러나 막상 찾아가 보니 숙소가 지하에 있어 숨이 막히고 답답하다. 일행 몇 사람은 하얼빈 역 주변에 있는 4인용 도미토리에 숙소를 정하고 짐을 풀었다.

내가 하얼빈에 대해서 아는 것은 초등학교 시절에 '안중근 의사'가 하얼빈 역에서 '이토오 히로부미(伊藤博文)'를 저격하고 일본 순경에게 체포되어 여순 감옥에 투옥되었다가 생을 마감했다고 배운 것이 전부이다.

하얼빈의 역사

하얼빈의 빌딩

하얼빈이라는 지명도 여진족어로 '명예'라는 뜻이며, 만주어로는 '그물을 말리는 곳'이라는 뜻이란다. 원래 송하강변의 조그마한 어촌으로 중국에서도 별로 알려지지 않는 곳이었다. 그러나 20세기에 접어들면서 하얼빈은 제정러시아의 통치시대 때 철도를 부설하고 건축물이 세워졌으며, 1932년부터 2차대전이 끝날 때까지 일본의 점령지였다. 지금은 중국 북동부 흑룡강성의 성도로 인구 290만의 최북단 공업도시이며 마치 유럽의 고도를 연상케 하고 있다.

매주 일요일 한 번만 출발하는 시베리아 횡단열차를 타고 러시아의 국경을 넘어 울란우데를 가기 위해 경유지로 하얼빈을 택했다. 오늘 내일(일요일) 떠나는 기차표를 예매하지 못하면 일주일을 이 곳에서 머물러야 한다.

조급한 마음에 우르자와 일행 몇 사람이 하얼빈 역에 갔는데 생각 외로 손쉽게 기차표를 예매해 왔다. 그런데 우르자가 예매해 온 기차표를 보니 '울란우데'가 아니라 '울란호데'의 표였다.

하얼빈의 철도 노선이 너무 복잡하여 현지인도, 역무원도 잘 모르니 이방인이 말도 통하지 않는 상황에서 기차표 구하기가 쉽지 않았던 것이다. 여행사 길잡이가 가지고 온 정보는 2년 전 것으로 시행 착오가 있을 수밖에 없었고, 확인도 해 보지 않는 정보로 일정표를 만들어 여행상품을 내놓고 모객하여 내보낸 처사가 납득되지 않았다.

반복되는 실수로 여행 일정에 차질이 생길 수밖에 없었다. 예매한 기차표를 20% 손해를 보며 반환하고 다시 일주일을 기다릴 수가 없어 만주리로 국경을 넘는 버스를 타기로 했다.

오후에는 하얼빈 시민들의 휴식처로 사랑을 받고 있는 '송하강'과 태양도를 찾아 나섰다. 시가지 북쪽을 가로질러 흐르고 있는 송하강에는 만주의 찜통더위를 피해 수많은 인파가 몰려 나와 수영과 낚시를 즐기며 보트놀이를 하고 있다. 폐수로 오염된 듯한 물인데도 시민들은 빨래도 하고 몸을 씻으며 할 것은 다하고 있다.

유람선 승선료 1위엔을 내고 송하강을 건너면 북쪽에 있는 모래섬이 태양도이다. '태양도'로 가는 길은 홍수방제 기념탑 근처에서 배를 이용하는 방법과 다리를 건너는 방법, 그리고 케이블카를 타고 가는 방법이 있다.

여름에는 푸른 강물, 울창한 숲이 조화를 이룬 휴양지로 수영과 뱃놀이를 즐길 수 있고 야영까지도 가능하단다. 뜨거운 햇빛과 눈부신 모래밭에서 태양욕을 즐기면 피로가 풀리고 관절염과 신경통을 고칠 수 있다 하여 중국의 고위층 인사들이 자주 찾는 유명한 지역이란다. 특히 겨울철에는 눈 조각 예술박람회와 빙등제가 유명하여 이것을 보려는 많은 관광객으로 붐비는 곳이다.

하얼빈의 송하강

위) 조린공원 조경
아래) 조선족 연주단의 아리랑 연주

태양도에서 나올 때에는 조그마한 보트를 이용하여 송하강을 다시 건너 홍수방수제 기념탑 근처 선착장에 내렸다. 이 곳에서 도로를 건너면 '조린공원'인데, 이 곳은 항일전쟁의 영웅 이조린 장군의 이름을 따서 지은 곳이다. 공원 내에는 조린 장군의 업적을 기리는 기념비와 흉상이 세워져 있다. 공원 중앙에 아름답게 꾸며진 조경으로 도자기 모양을 만들어 꽃바구니를 올려놓고 사방 모서리에는 물개가 농구공을 머리에 이고 있는 형상을 이끼로 덮어 연출해 놓았다. 다른 한쪽에는 연못을 파놓고 가운데 조그마한 섬을 만들어 다리로 연결되어 있다. 공간마다 벤치를 만들어 시민들이 한가롭게 휴식할 수 있도록 해 놓고 있다.

공원에 산책 나온 6명으로 구성된 초로의 조선족 연주단이 바이올린 연주로 우리의 민요 아리랑을 멋지게 연주하고 있다. 중년 여인이 부른 아리랑의 노래 가락은 조선족의 한이 서려 있는 애절한 절규처럼 들려 이방인의 가슴을 뭉클하게 만들었다. 이분들과 대화를 해 보고 싶었지만 안타깝게도 여자분만 우리말을 약간 더듬거리는 정도여서 구체적인 이야기는 힘들었다.

조선족 연주단의 건강과 행운을 빌고 공원을 거슬러 올라가니 많은 사람들이 모여 있다. 싸리비보다 큰 붓으로 물을 찍어 시멘트 바닥에다 비문을 쓰듯 글자의 크기나 간격이 일정하게 써 내려간다. 한 글 자 한 글자가 힘이 넘치고 신기에 가깝게 쓴 글씨에 감탄사가 절로 나왔지만 3분도 못되 어 요술 글자처럼 금방 사라져 버린다.

조린공원도 매년 정월이 되면 하얼빈의 대 축제인 빙등제가 열려 공원 전체가 얼음 조 각상으로 장식되어 오후 4시 이후가 되면 얼 음 조각 안에 오색등을 켜서 매우 아름답단 다. 정문에 꽃으로 호랑이 모양을 만들어 장 식해 놓았는데 빙등제 때는 얼음 상으로 교 체된다고 한다.

위) 하얼빈 중앙대로 거리화가들
아래) 하얼빈 중앙대로

공원 정문을 빠져 나오면 하얼빈의 중심가 인 '중앙대로' 이다. 자동차가 없는 보행자의 천국으로 여행자는 별로 눈 에 띄지 않지만 하얼빈의 젊음과 낭만이 거리에 가득 넘쳐나고 있다. 중앙대 로 노변에 파리의 몽마르트 언덕을 연상케 하는 20여 명의 길거리 화가들이 지나가는 행인의 초상화를 그리는 모습이 볼만하다. 화판 앞에 모델을 앉혀놓 고 20분 정도 그리면 실물을 닮은 멋진 수채화가 나온다. 거리마다 풍물로 넘 쳐나 쇼윈도에는 아리따운 모델들이 웨딩드레스를 걸치고 패션쇼를 하며 이 방인과 사진포즈도 취해준다.

가이드북에 올라 있는 만두집에 들러 석식으로 다섯 종류의 만두를 맛보 았다.

택시를 타고 숙소에 돌아오니 일행 중 K사장이 피로하니 사우나에 전신 마사지나 받으러 가자고 유혹하여 따라 나섰다. 그런데 우리가 간 곳은 전문적이고 체계적인 마사지와는 거리가 멀고 성감대를 자극시켜 성적충동을 느끼게 하는 변칙 섹스업소였다. 전신 마사지가 48위엔이고 섹스까지는 150위엔이란다.

무엇인가 일이 잘못되어 가는 느낌이 들어 뿌리치고 나오려니 한국 돈 10,000원만 주고 즐기고 가란다. 마사지 걸은 내가 돈 때문에 나가려고 하는 것으로 착각하고 있는 듯했다. 뭐라 설명할 수도 없어 바보의 미소를 지으며 도망치듯 그 곳을 나와 숙소로 돌아왔다.

일곱번째 날

하얼빈 시내의 남쪽에 위치한 일본 관동군 '731부대'를 찾아 나섰다. 하얼빈 역에서 버스로 한 시간 거리이며 시내버스 요금으로 갈 수 있는 곳이다.

하얼빈 일본군 731부대

731부대 유적지 정문에서 내려 20위엔을 주고 티켓을 끊어 안으로 들어간다. 제2차 세계대전 당시 중국을 침략한 일본군은 이 곳에 세균전 연구실험 기지를 세우고 우리 동포와 중국인, 러시아인 등에게 생체실험을 한 것으로 악명이 높은 곳이다. 1936년부터 10여 년 동안에 생체실험에 사용했던 페스트균 증식 주사기, 현장 사진, 사람과 동물을

하얼빈 일본군 731부대

태웠던 소각장 등이 전시되어 끔찍했던 당시의 상황을 말해 주고 있다. 특히 생체실험에 참가했던 관동군 장교와 학자들의 사진도 전시하고 종전 후에 이들의 참회의 인터뷰를 슬라이드로 보여 주기도 한다. 중국 정부는 일본 군국주의가 인류에게 저지른 만행을 확인할 수 있는 역사적 교육장으로 활용하고 있다.

현재 전시되고 있는 유적으로는 731부대의 본부 청사, 4방루감옥 겸 지하 세균 실험실, 동력 보일러실, 남문 위병소, 2본반 실험실, 노랑쥐 사양실, 소동물 지하 사양실, 요시무라 실험실, 병기반, 북강 시체 화장실, 독가스실, 야마구찌 병기실, 다나까반 곤충운행 배육실, 세균 탄피 제조 공장, 성자구 야외 실험장, 항공반, 급수탑 등 총 23곳의 유적이 망라된다.

731부대를 돌아보고 나왔으나 끔찍한 그 곳의 모습이 쉽게 잊혀지지 않았다. 마음 한 구석을 무겁게 짓누르고 있다.

숙소에서 마음의 안정을 취하며 휴식 시간을 보내다 오후 5시경에 자연사 박물관을 찾아 갔으나 관람이 끝나는 시간이란다.

할 수 없이 우리 일행 4명은 택시를 타고 어제 들렀던 중앙대로로 나가 노점카페에서 생맥주를 마시며 이국의 밤 문화에 젖었다. 도심은 노을이 지

면서 화려한 오색등불이 반짝거렸다. 하얼빈하면 혹독한 추위 속에 황량한 벌판만 떠올렸으나 중앙대로는 하얼빈의 명동거리로 낭만이 넘쳐난다.

저녁 7시 58분발 만주리행 침대차가 예매되어 오늘도 시간적인 여유가 있으나 정오까지 호텔 룸을 비워 주어야 한다. 오후 7시까지 룸을 하나만 쓰기로 하고 일행들은 짐을 한 군데로 옮겨 놓고 각자 시내관광에 나선다.

역사박물관 주변 레스토랑에 들러 각자 식성에 맞게 요리를 시켰다. 오리구이를 주문하여 먹어 보지만 이 곳의 음식이 대체적으로 짠 편이라 비싼 음료수 대신 생맥주를 마셨다.

오후에 박물관 옆 건물 지하상가로 들어가니 갤러리와 골동품 상점이 밀집되어 있다. 골동품 상점마다 송, 명, 청대의 진품도자기라고 자랑은 하지만 가격표는 400~600위엔 정도이다. 골동품에 대한 지식은 없지만 진품이라면 상당히 고가일텐데 가격이 저렴한 것으로 보아 모조품이 아닐까 의심이 간다. 백화점과 재래시장을 다녀 보지만 유명 브랜드제품 및 특히 한국산 전자제품인 TV와 핸드폰도 구형이면서 한국보다는 비싸게 가격표가 붙어 있다.

하얼빈 역에서 150m거리에 중국인이 고려식당이라는 간판을 내걸고 한국음식점을 경영하고 있다. 음식백화점처럼 다양한 한식 메뉴를 붙여 놓고 조선족 요리사를 고용하여 영업을 하고 있다. 이 식당에서 일하는 얼굴이 예쁜 47세의 조선족 아주머니가 친근감을 가지고 접근해 온다. 아주머니 말에 의하면 남편과 사별하고 슬하에 두 아들을 두었으나 결혼하여 따로 살

고 있단다. 현재 식당에서 월급 600위엔을 받
아 홀로 살기가 외로워 재혼이라도 해서 한국에
나가 살고 싶다며 애처로운 눈길을 보낸다. 한
국에 적당한 재혼처가 있으면 소개해 달라며 주
소와 인적사항까지 적어 준다. 대부분의 조선족
들이 이렇듯 한국으로 가는 것을 꿈꾸며 살고
있는 듯 했다.

하얼빈 골동품 가게

하얼빈 역은 1909년 10월 26일 안중근 의사
가 러시아 군대의 사열을 받고 있던 '이토오 히로부미'를 암살한 역사의 현
장이다. 그러나 유감스럽게도 현재 하얼빈역 어디에도 안중근 의사의 숨결
을 느낄 수 있는 표시라고는 없다. 조선족들에 의해 구전되는 의거 현장은
제1플랫폼과 제2플랫폼을 연결하는 지하통로 입구로부터 3m정도 떨어진
자리를 의거 현장이라고 지목하고 있다. 지금의 하얼빈 역사는 1989년에
신축된 건물로 의거 현장은 역사 내에 있기 때문에 관심을 갖고 보지 않으
면 그냥 지나칠 수밖에 없다.

하얼빈 역 대합실은 출발 시간이 가까워지자 만주리행 기차를 타려는 승객
들로 넘쳐나 초만원을 이룬 상태이다. 다행히 외국인은 다른 출구를 통하여
안으로 들어갈 수 있도록 배려하여 손쉽게 기차에 오를 수 있었다.

기차는 전량이 침대 열차로 한 좌석이 3단 침대로 3명씩 양쪽으로 6명이
누워갈 수 있는 도미토리 형식이다. 침대차는 우리나라의 새마을호 크기로
객차 양쪽 끝에 화장실과 차장실이 나란히 있다.

차장실 맞은 편에는 물통을 설치하여 뜨거운 물이 항상 끓고 있어 컵라면
을 끓여 먹거나 인스턴트커피 등을 타서 마실 수 있다. 그러나 화장지와 컵
은 없기 때문에 개인적으로 따로 준비해야 한다. 칸마다 두 사람의 여승무

원이 배정되어 승객들의 불편을 덜어 주고 있다. 식사는 식당칸을 이용하든지 중간 역에 정거할 때 잠시 밖으로 나와 매점에서 음식물을 사 먹거나 해야 한다. 외국 여행자들은 대개 식당이나 매점을 이용하지만, 현지인들은 도시락이나 빵을 준비해 온다.

만주리 버스 터미널

밤을 새워 달려도 끝자락이 보이지 않는 대초원을 흠뻑 적시는 빗줄기가 차창을 때리는가 싶더니 어느새 파란 하늘이 얼굴을 내밀고 있다. 기차가 달리는 철도변에 작은 마을이 보이고 초원에는 젖소 무리가 한가롭게 풀을 뜯고 있다. 몇 마리의 개가 말을 탄 목동을 보좌하며 젖소 몰이에 나서는 모습이 이채롭다.

기차는 오전 9시 25분경에 중국의 내몽골 자치주인 ‘만주리’에 도착하여 버스터미널로 이동하였다.

2000년 11월에 러시아의 이르쿠츠크 가스 도입 노선을 한국, 중국, 러시아 3국이 구상했던 평택-일산-평양-신의주-단동-선양-장춘-하얼빈-만주리-이르쿠츠크로 이어지는 북한 통과 안에 대해서 타당성 조사를 논의한 바가 있다. 철의 실크로드가 실현되었다면 이번 여행처럼 시행착오 없이 울란우데를 거쳐 이르쿠츠크까지 갈 수 있었을텐데 하는 막연히 꿈같은 생각을 해 본다.

터미널에서 중국과 러시아 국경만 넘나드는 국경버스를 50위엔을 주고 티켓을 끊었다. 버스로 중국 측 국경에 도착하여 출입국관리소에 출국신고를 하고, 다시 버스로 10여분을 가면 러시아의 국경이 나온다.

만주리역

이 곳에서 입국수속을 끝낸 후 버스에 올라 '쥬바이칼스크' 역에 도착하면 국경버스의 임무는 끝난 셈이다. 역사 안에 있는 환전소에 들러 100달러를 환전하여 울란우데로 가는 기차표를 끊으려고 길게 줄을 섰다.

갑자기 중국인 모녀가 '안녕 하세요' 라고 인사를 해 온다. 처음에는 조선족으로 알았는데 단동에서 왔다는 중국인이다. 어떻게 한국말을 할줄 아느냐고 물었더니 자기반 친구가 한국에서 온 유학생이라 그에게 배웠다고 한다. 이들 모녀는 내가 한국의 TV에 출연하는 유명한 탤런트인 줄 알고 사진을 같이 찍자며 카메라 셔터를 계속 누르고 연락처까지 적어 달란다.

쥬바이칼스크역 경비병은 역을 배경으로 사진 촬영을 못하도록 막는다. 그동안 많은 어려움을 거치면서 이곳까지 무사히 도착하였으나 이 시간 이후 어떤 상황이 전개될지 예측이 불가능하다. 쥬바이칼스크까지 안전하게 인도해 주신 신의 가호가 계속 이어지기를 기원해 본다.

러시아
바이칼
카라코룸 몽골
올란바토르
몽고고원
고비사막
북경
카자흐스탄
아랍해
그루지야
흑해
카르기니니스탄
아르메니아
아제르바이잔
투르크메니스탄
파미르고원
대한민국 동해
서해
터키
지중해
레바논 시리아
이스라엘
요르단 이라크
이란
아프카니스탄
파키스탄
티벳고원
중국
히말라야산맥
동중국해
쿠웨이트
네팔
부탄
인도
방글라데시
미얀마
라오스
동해
아랍에미리트
사우디아라비아
오만
타이
베트남
캄보디아
남중국해
아라비아해
에멘
뱅골만
말레시아
싱가포르
인도양

BAIKAL

바이칼

열번째 날

　쥬바이칼스크역을 출발한 시베리아 횡단 열차는 울창한 자작나무와 통나무 정착촌, 끝자락이 보이지 않는 광활한 스텝지대를 지나 '치타' 역에 아침 8시경에 도착한다. 처음 여행 계획은 하얼빈에서 울란우데로 가는 시베리아 횡단열차를 타도록 되어 있었으나 시행착오로 만주리 국경을 넘어 러시아로 입국하게 되었다. 그렇기 때문에 이 곳 치타에 대한 사전 지식이 전혀 없었다. 걱정은 되었지만 일단 울란우데로 가려는 시베리아 횡단열차를 기다리며 치타역 지하층에 있는 물품 보관소에 배낭을 보관하고 각자 나름대로 시내투어에 나섰다.

　치타역 정면에 붉은 벽돌을 이용하여 엄청난 규모의 총천연색 돔 양식 정교사원이 건축 중이다. 치타역에서 대로를 따라 도보로 10여 분 거리에 '중앙광장' 이 있고 가운데는 레닌의 동상이 우뚝 서 있다. 광장주변에 여기저기 오래된 건물들을 리모델링하는 모습을 많이 볼 수 있다. 특히 보

치타역 중앙광장

면적은 1707만 5400㎢, 인구는 1억 4489만 3000명(2003)이다. 정식명칭은 러시아 연방 (Russian Federation)이다. 북쪽으로 북극해, 동쪽으로 태평양에 면하고, 남쪽으로 북한, 중국, 몽골, 카자흐스탄, 아제르바이잔, 그루지야, 서쪽으로 우크라이나, 벨로루시, 라트비아, 폴란드, 리투아니아, 에스토니아, 핀란드, 노르웨이 등에 접한다. 동서길이 약 9,000km, 남북 최대길이 약 4,000km, 최소길이 약 2,500km에 이르는 지역을 차지하고 있다.

1992년 1월 소련이 해체되면서 완전한 독립국가가 되었으며, 국가연합체인 독립국가연합 (Commonwealth of Independent States: CIS)에 속해 있다. 러시아는 영토가 광활한 만큼 다양한 지질구조가 발달하여 거의 모든 종류의 자원을 갖고 있다. 따라서 완전한 의미의 자급자족에 가장 근접한 국가라고 볼 수 있다. 그러나 광활한 국토는 장점인 동시에 약점이 되기도 한다. 즉 국토가 넓고 다양한 인종이 거주하기 때문에 효율적인 행정·개발·생산 활동이 어렵고 나아가 국가의 통합마저 어렵게 하고 있다. 더구나 국토의 많은 부분이 가혹한 환경조건을 갖고 있기 때문에 경제활동과 인구분포의 지역차가 극심한 반면 지역을 연결하는 사회간접자본이 낙후하여 많은 지역문제가 발생해 왔다.

1. 수도-모스크바
2. 시차-3월말~10월말(한국보다 5시간 늦음), 10월말~3월말(6시간 늦음)
3. 화폐-루블
4. 언어-러시아어
5 종교-러시아정교, 가톨릭, 개신교 등 다수

행자의 안전을 위하여 목재의 본고장답게 두꺼운 판자벽을 촘촘히 세웠고, 비계도 튼튼한 목재로 설치하여 안전 제일주의로 작업을 하고 있다.

작은 도시로 두 시간이면 시내를 다 돌아볼 수 있어 발길 닿는 대로 슈퍼마켓, 재래시장 등을 돌아보지만 별로 관심을 끄는 것은 없다. 한국의 삼성전자와 LG전자 제품을 전시해 놓았으나 유행이 지난 모델인데도 고가의 가격표가 붙어 있어 한국인으로서 긍지를 느꼈다.

레스토랑에 들러 아침 겸 점심으로 훈제치킨을 시키니 덜 익혀 핏기가 보인다. 다시 익혀 달라니 이 곳에서는 그렇게 먹는다 하니 언어 소통도 잘 안 되어 감수할 수밖에 없다. 익힌 부분만 적당히 먹고 계산을 하는데 175루블

치타의 레스토랑   레스토랑의 벽화

(7,000원)로 현지 물가를 감안하면 상당히 비싸게 느껴졌다.

오후 4시 30분에 울란우데 행 시베리아 횡단열차는 지정 좌석이 없어 먼저 아래층 좌석을 잡으려고 경쟁을 하며 올랐으나 먼저 역에서 타고 온 사람들로 이미 좌석이 채워져 있다. 어렵게 2층 좌석을 잡았으나 아래층 양쪽 좌석은 ‘이르쿠츠크’에 살고 있다는 52세의 ‘꺄랴’ 여인과 45세의 ‘숌브레랴’ 아가씨가 차지하고 있었다. 꺄랴는 두 딸을 출가시켜 5명의 할머니가 되었다고 자기를 소개하였고, 숌브레랴는 체중이 200kg 이상 되어 보이는 아주 우람하고 뚱뚱한 아가씨이다. 몸집이 원체 크다보니 몸동작이 둔하여 남자들이 거들떠보지도 않아 지금까지 결혼도 못했단다. 기차가 처음 출발할 때에는 서먹했던 사람들이 음식과 보드카를 나누어 마시며 대화를 하다보니 곧 가까운 사이가 되어 ‘사랑한다’고 농담도 주고 받았다.

시베리아 횡단열차는 블라디보스토크에서 모스크바까지 6박 7일 간의 밀폐된 공간에서 대장정의 여행이기 때문에 남녀간의 사랑이 싹터 결혼한 예도 많다고 들었다.

웃고 즐기는 가운데 기차는 새벽 두 시경 울란우데에 도착하여 역사 밖으로 나왔다. 보드카에 취한 젊은 남녀 삐끼들이 치근덕대며 공포 분위기를 조성하며 따라다닌다. 가이드북에 나와 있는 역 주변에 숙소를 찾아보지만 빈 방들이 없다.

그런 사이에 일행 중 K씨가 인터넷상으로 알게 된 여자친구의 오빠 부부가 역까지 마중을 나와 주었다. 그 부부의 도움으로 역에서 상당히 떨어진 '바이칼 호텔'에 숙소를 정하게 되었다. 룸 하나에 600루블로 싱글 침대 하나가 놓여 있어 두 사람이 자기에는 불편하지만 새벽 4시가 넘는 시간에 그런 것 따질 겨를이 없다.

열한번째 날

'울란우데'(Ulan-Ude)는 19세기부터 이곳에 정착하기 시작한 몽골인종인 '브리야트' 인들의 활동무대가 되었고, 1923년 브리야트 자치 공화국의 수도가 되었다. 드넓은 초원에 그림처럼 집들이 내려앉아 있는 도

울란우데 공원

시는 철길을 따라 우다강과 세렌가강이 흐르고 있다. 강변 양쪽에 공장과 집들이 조화로운 풍경을 배경으로 고즈넉이 서 있다. 인구 40만의 도시로 산업은 거대한 유리공장과 비행기 공장까지 있으며 기계 및 금속가공, 목가공, 가죽과 모피 등을 생산하여 중국과 몽골을 대상으로 주로 무역을 한다. 시베리아 횡단철도(TSR)와 몽골 횡단철도(TMGR)가 연결되는 교통의 요충지이다.

레닌의 두상

울란우데의 발레단은 모스크바의 발레단과 비교될 정도의 높은 수준을 자랑하고 있다. 한국에서 발레를 배우러 온 학생이나 유학생, 사업가의 수효가 점차 늘어나 이르쿠츠크보다 더 많다고 한다.

또한 울란우데는 우리나라의 안양시와 1997년 7월 23일 자매결연을 맺기도 하였다. 흰 피부의 슬라브계 러시아인 보다는 대부분 황색인으로 그들의 얼굴의 생김새, 체구와 표정, 웃는 모습까지도 영락없는 한국인 모습이다.

이 곳에서 한국식당을 운영하는 박기성씨는 브리야트인은 술과 노래, 말

울란우데 미술관

타기를 좋아하고 낙천적인 성격으로 '몽골인과 브리야트인은 체질적으로 지구상에서 한국인과 가장 가까울 것'라고 말하고 있다.

도시가 그다지 크지 않기 때문에 도보로 시내관광이 가능하다. 바이칼호텔 정면에 공원이 있으며 중앙에 자리한 세계에서 제일 크다는 레닌의 두상은 혁명가적 기상이 잘 표현되어 예술적 가치도 충분히 있어 보인다. 공원을 중앙에 두고 주위에는 울란우데의 자치공화국 주요 청사들이 깨끗하게 단장되어 있다.

공원에서 한 블럭 거리에 있는 자연사 박물관은 시베리아 산 갖가지 동물들을 박재로 꾸며 놓았다. 또한 아트박물관에는 티베트의 포탈라궁전의 전경사진을 걸어 놓고 앞에다 제단을 만들어 역겨운 향까지 피워 놓았다. 옆방에는 여러 점의 회화가 걸려 있으며 또 다른 방에는 그림 관리가 잘못되어 습기에 젖은 상태로 쌓아놓고 그대로 방치되어 안타까운 생각이 들었다. 지금도 시내 곳곳에 시베리아의 풍부한 목재로 건축한 통나무집과 고색이 창연한 러시아의 고전 건축물이 많이 남아 있다.

내 어릴 적 뛰놀며 뒷동산에서 따 먹었던 산딸기와 머루 등이 이 곳 재래시장에 산더미처럼 쌓여 있어 동심의 세계로 빠져들게 한다. 10루블을 주니

울란우데 전통목조건물

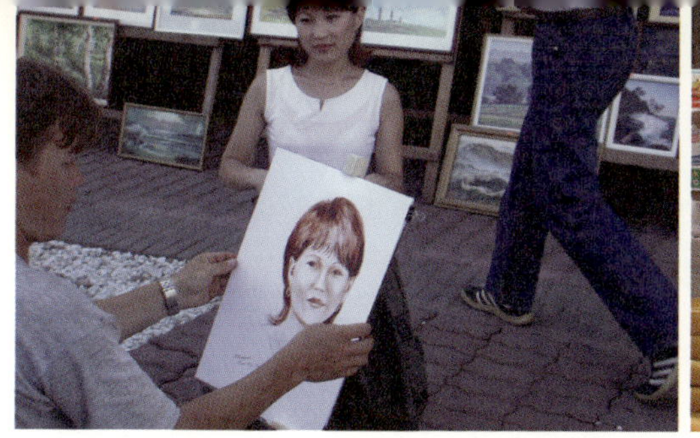

울란우데 문화의 거리 울란우데 재래시장

울란우데 문화의 거리

울란우데 재래시장

산딸기 한 바가지를 비닐봉지에 담아 준다. 문화의 거리 벤치에 앉아 치킨과 캔 맥주로 점심을 먹으며 휴식시간을 갖는다. 문화의 거리는 울란우데의 명동으로 오후가 되면 많은 시민들로 붐비는 곳이다.

저녁 8시 40분에 출발한 시베리아 횡단열차는 어둠을 헤치고 다음 목적지 이르쿠츠크로 향하고 있다. 횡단열차가 울란우데를 지나 1시간 정도 달려 '발샤야 레취카' 역을 지나자 승객들이 탄성을 지르며 술렁이기 시작한다. 끝없이 이어지는 시베리아의 침엽수림 사이로 거대한 호수가 조금씩 자태를 드러내고 있다.

"아! 바이칼"이라는 탄성이 여기저기서 터져 나온다. 침대에 누워 있던 사람들도 하나둘씩 창가로 모여 들었다. 차창을 열어 젖히자 물비린내가 물씬 풍기는 공기가 오히려 상쾌하다. 바이칼은 호수라기보다는 바다라는 느낌이 들었다.

열두번째 날

자작나무와 전나무로 울창한 숲이 우거진 계곡을 따라 끝자락을 모르고 밤새 달려온 횡단열차는 고사목 군락지를 지나간다. 산기슭의 비탈진 마을 굴뚝에서 아침을 알리는 연기가 모락모락 피어오르고 있다. 이른 아침 햇살이 나무숲 사이를 통과하면서 바늘이 되어 눈을 부시게 만든다.

이 곳 시간으로 아침 8시경에 이르쿠츠크 역에 도착하여 일행들은 대합실 한 쪽 바닥에 배낭을 쌓았다. 숙소를 잡기 전에 8월 10일로 예정된 울란바토르 행 기차표가 예약되어야 이르쿠츠크의 여행일정을 세울 수가 있다. 예약창구로 가서 알아보니 이 곳은 10일부터 여름 휴가시즌이라 기차표 구하기가 하늘의 별 따기라 19장의 표를 구하기는 어렵고 2장은 가능하단다. 일행이 19명이나 되다보니 동시에 표를 구하여 이동하기가 쉽지 않아 나머지 17장은 하루 앞당긴 9일 밤 티켓을 예매할 수밖에 없었다.

원래 오늘의 여행 계획은 바이칼 호수의 '알흔섬'을 가기로 예정되어 있었으나 기차표 예약관계로 시간이 많이 지연되어 일정이 엉망이 되어버렸다. 이르쿠츠크에서 알흔섬으로 가려면 아침 8시에 출발하는 버스를 이용해야 하는데 하루에 한 번 밖에 없단다.

이르쿠츠크 재래시장

역에서 전철을 타고 시내 중심지로 이동하여 먼저 숙소를 정한 다음 내일 아침에 미니버스로 알흔섬을 가는데 편도 5,000루블을 주기로 예약을 했다. 오후에 이르쿠츠크시내 관광은 숙소에서 전철로 세 정거장 거리에 위치한 '센트로 마케팅'(중앙시장)을 찾아갔다.

한 도시를 방문하여 그 도시의 경제력과 주민들의 생활정도, 식생활 문화, 그리고 상류층의 생활방식을 파악하는 데는 재래식 시장과 최고급 백화점을 방문하는 것이 가장 빠르고 좋은 방법이다. 다행이 재래시장과 백화점이 붙어 있어 시장을 구경하는데 시간을 절약할 수 있을 것 같다.

　　중앙시장은 웅장한 건물에 파는 물건에 따라 정결하게 정돈된 우리나라의 할인매장과 같은데 우리나라의 할인매장보다 규모가 엄청나게 크다. 이곳에는 러시아인들이 주로 먹는 빵과 사과, 포도, 오이, 살구, 복숭아 등 우리나라에서 자주 볼 수 있는 과일들과 싱싱한 고기, 닭, 그리고 바이칼의 명물인 오물과 연어 등을 판매하고 있고, 그밖의 다양한 생활용품들을 팔고 있다.

이르쿠츠크 재래시장

　　또한 러시아는 춥고 가난하지만 러시아인들은 꿈과 정서가 충만하고 남을 배려할 줄 아는 드넓은 마음을 가지고 있는 민족이라는 생각이 들었다. 그들은 꽃을 좋아하는 민족으로 붉은 색을 띄고 있는 장미꽃을 좋아한다고 한다. 중앙시장에서도 꽃가게가 가장 화려하며 향기로운 꽃 냄새가 온 시장을 진동시키고 있다.

　　백화점에는 다양한 품목들이 진열되어 있으나 물건값이 장난이 아니다. 러시아 공무원들 한 달 월급이 100달러인데, 백화점에는 모자 하나가 100달러라니 엄청난 고물가에 시달리고 있는 러시아인들의 어려운 삶이 걱정된다.

　　시베리아 문화의 보고 '이르쿠츠크'(Irkutsk)는 인구는 67만 명, 면적은 360㎢의 주도로 바이칼호수의 남단에 위치하고 있으며 앙가라강과 이르쿠트강의 합류점이 되는 곳이다. 그러나 이 도시는 길이 636km, 최대너비 79km, 면적 3만 1500㎢이다. 초승달 모양으로 북동~남서쪽으로 길쭉하며, 부랴티야 공화국과 이르쿠츠크 주(州)에 걸쳐 있다. 유라시아 대륙에서 세 번째로 큰 호수로 호안선의 연장은 2,200km에 이른다. 유라시아 대륙내의 담수호 중에서 가장 넓다. 최대심도가 1,742m로 세계에서 가장 깊은 호수이다. 저수량은 2만 2000㎢나 되며, 세계 담수호 가운데 최대를 자랑하며, 북아메리카 5대호 전부의 수량과 맞먹는다.

호수 안에는 알흔섬을 비롯하여 18개 섬이 있다. 또한 바이칼 호에는 1,800여 종의 동식물이 서식하며, 그 중 75%는 이 호수에 고유한 것으로, 바이칼바다표범과 해면(海綿)도 있다. 바이칼 호에는 많은 전설이 있는데, 바이칼 노인의 맏딸 앙가라가 노인의 말을 거역하고 용사 예니세이와 결혼했다는 설화(說話)와 호저(湖底)의 신(神)이 폭풍우를 일으켜 어부와 항해자를 끌어들이고는 재판을 한다는 전설 등이 전해 내려온다.

19세기 초 '데까브리스트' 난으로 폭동을 일으킨 젊은 귀족들의 유배지였다는 어두운 역사를 지니고 있다. 대륙성 기후로 엄동설한이 길고 80%가 러시아인이고 나머지는 몽골계의 민족으로 구성되어 있다.

이르쿠츠크는 시베리아에서 역사가 가장 깊은 도시로 처음 방문하는 사람에게는 향수를 불러일으킬 정도로 조용하면서도 깨끗한 이미지를 간직한 도시이다. 또한, 교육, 관광, 문화의 도시로서 시내에는 세계적으로 유명한 바이칼 호수에서 흘러나오는 '앙가라' 강이 유유히 흐르고 있다. '시베리아의 파리' 라 불리는 이 도시의 풍경은 비경의 땅이라 느껴질 정도로 아름답게 잘 정돈되어 있다. 가로수로 꾸며진 마르크스 거리, 그 거리를 중심으로 고풍스런 벽돌 건물들, 골목골목 들어선 목조건물의 아름다운 창들 하나하나가 예술작품 그 차체이다.

화려한 분위기를 자아낸 정교회의 단청건물이 모스크바의 이삭성당 규모 못지않아 보인다.

'바이칼' 은 336개의 크고 작은 강들이 흘러들어 거대한 호수를 이루지만 밖으로 흘러가는 강은 '앙가라' (Angara) 하나 뿐이다. 어머니 젖줄 같은 앙가라 강줄기에 사람들이 모여서 많은 도시를 이루고 그 중의 하나가 이르쿠츠크이다. 앙가라 강과 시청 청사 뒤편 사이에 '무명용사 탑' 있다. 시베리아 지역에서 2차대전에 20여만 명이 참전했는데, 그 중 전사한 5만 여 명의 무명용사를 기리기 위하여 세운 탑이다. 탑 전면 대리석 위에 설치한 '영혼의 불(베치니 아곤)'이 항상 활활 타오르고 있다.

예식을 갓 마친 신혼부부들이 민족의 수호신인 '무명용사 탑 영혼의 불' 앞에 헌화하고 영원히 변치 않을 사랑을 서약하는 의식을 자주 볼 수 있다. 신혼부부를 모델 삼아 사진을 몇 장 찍었고 이들이 따라준 포도주로 이들의 앞날에 신의 가호와 축복을 기원해 주었다.

화강암으로 만들어진 아치교를 건너가서 30m전방에 흐르는 유속이 빠른 앙가라 강을 바라보고 있노라면 유속에 묻혀 흘러가듯 현기증이 느껴진다. 이 곳에 산책 나온 연인들이 공원 벤치에 앉아서 포옹과 키스로 사랑을 확인하는 모습도 보인다.

정교회 사원

　오전 8시 30분에 호텔 앞으로 오겠다던 14인승 미니버스는 일행들을 초조하게 기다리게 하더니 한 시간이 지난 후에야 왔다. 일행 14명이 2박 3일 일정으로 '알흔섬'(Olkhon lsland)관광길에 오른다.

　알흔섬은 가장 긴 남북의 길이가 71km, 가장 넓은 동서의 폭이 15km이며, 27개 섬 중에서 가장 큰 섬으로 바이칼호수의 심장이라 불리기에 충분하다. '나무가 조금 밖에 없는'이라는 뜻으로 '알흔'이라는 이름을 가진 곳답게 섬의 중앙지대에만 나무 몇 그루가 있고, 대부분 지역은 스텝이 푸르게 덮고 있다. 1,500여 명의 섬 주민이 대부분 '부리야트'인이고, '후지르'(Khuzhir)라는 마을에 모여 어업과 목축업을 생업으로 삼고 있다.

　이르쿠츠크를 출발해서 알흔섬을 향해 가는 길에 시베리아의 그림 같은

바이칼호의 알흔섬

알혼섬의 풍경

평원을 만났다. 그 평원을 가로지르며 낮은 구릉과 드문드문 나타나는 외딴 집은 초원의 일부가 되어 풀숲 사이에 나직하게 자리하고 있다. 초원에 외롭게 덜렁 서 있는 한그루 나무는 세월의 온갖 풍파를 견뎌내며 초연하고 의젓한 자태를 잃지 않고 있다. 긴 겨울과 짧은 봄을 지나며 생명의 숨결을 길러 올린 야생화들이 순식간에 지나가는 여름날의 소중한 하루하루를 꽃 피우고 씨 날려, 다음 해의 새 생명을 준비하는 모습은 여리면서 엄숙하기까지 하다.

드넓은 초원에도 인간과 동물의 영역을 경계 짓는 목책이 쳐져 있다. 목책선 안에는 감자 따위를 심었고, 목책선 밖에 자라고 있는 갖가지 야생화는 소와 말들이 소유권을 차지하고 있다. 경계를 긋고 온통 이기와 탐욕으로 채우던 속세의 눈으로 바라보는 시베리아 평원은 낯설지만 자유와 평화가 넘쳐나고 있다.

초원의 구릉을 오르내리며 질주하던 버스가 갑자기 도로변 '솟대' 앞에

알혼섬의 석양 노을

멈추어 선다. 우리나라의 삼한시대 솟대는 마을의 수호신으로 장대 끝에 나무를 깎은 새를 붙여 세웠다고 전해진다. 몽골인종의 시원이라는 알혼섬을 찾아가는 길목에서 우리와 똑 같은 풍습을 만나니 한결 친근감이 든다.

그 풍습이란 솟대 주변 나뭇가지에다 형형색색의 헝겊을 매달고 음식을 차려 놓고 하늘과 땅에 고수레 하면서 기원하는 풍습이다. 우리가 산을 오르거나 성황당을 지나가며 돌을 하나 얹어놓고 앞날의 행운을 기원하듯, 이들도 나뭇가지에 헝겊을 묶어 소원을 빌고 있다.

시베리아의 푸른 초원 위로 파랗게 펼쳐진 하늘과 때때로 그림자를 초원에 드리우며 흘러가던 구름이 이방인의 마음을 포근하게 감싸주는 듯 하였다. 잘 포장된 왕복 2차로를 따라 양쪽에 끝없이 이어지는 초원에는 소와 말이 한가롭게 야생화와 풀을 뜯고 있다. 그래도 에델바이스, 패랭이, 엉겅퀴, 구절초, 금낭화 등의 야생화가 앞 다투어 피어나고 휘날리는 바람결에 몸을 굽히는 지혜로운 생존의 원리를 터득하고 있다. 넓은 초원에 홀만 설치하면 훌륭한 골프장이 만들어지겠다는 순박한 생각을 하는 가운데 버스는 달려가고 있다.

자동차로 4시간 정도를 달려 작은 바다라는 뜻의 '말로에 모어'(Maloe More) 선착장까지 오는 동안 자연의 황홀경에 무아도취 되어 지루할 여유가 없었다. 말로에 모어에서 알흔섬까지 한 척의 페리바지선이 15분 거리를 왕래하며 자동차 몇 대를 싣고 관광객들을 태워 초만원 상태로 운행하고 있다.

페리에 자동차와 관광객이 오르내리는 작업에 많은 시간이 소요되어 선착장을 출발한 페리가 다시 돌아오기까지 2시간 가까이 기다려야 한다. 한번 놓친 페리를 기다리는 동안 언덕에 올라 시리도록 파란 바이칼 호를 바라보며 상상의 날개를 펼쳐본다. 이 곳은 육지와 섬이 가장 가까운 지점으로 여름철에는 세계 곳곳에서 바이칼호수에 심신을 적시려는 여행자들이 찾아들고 있다. 우리나라에서는 천연기념물로 지정된 에델바이스가 지천으로 깔려있는 언덕을 오르내리다, 페리에 승선하여 알흔섬으로 향한다. 페리바지선에서 한국인 배낭여행자 2명과 패키지 여행사를 따라왔다는 한국의 문인협회 가족 일행 20명을 만나 반갑게 인사를 나눈다.

알흔섬 선착장에서 다시 버스에 올라 한 시간 정도를 비포장 능선을 오르내리며 스텝지대를 달려 '후지르' 마을에 도착하였다. 알흔섬은 여름이 성수기로 숙소를 미리 예약하지 않아 숙소 정하기가 쉽지 않았다. 호텔을 몇 군데 들렀지만 빈방이 없어 신축 중인 통나무 방갈로를 숙식 제공하는 조건으로 1인당 200루블을 주기로 했다. 짐을 풀려고 하는 순간 남편이 돌아와 600루블을 요구하여 황당했지만 갈 곳이 없어 사정을 한끝에 400루블씩을 주었다.

노을 진 석양 무렵에 발길이 먼저 닿은 곳은 몽골리언의 시원지이고 샤먼의 발원지 '불칸바위'(Burkhan)앞이다. 한없이 낮고 부드러운 언덕

알혼섬에서-모닥불

알혼섬 숙소

끝에 저렇게 우뚝한 바위가 놓여 있다는 것만으로도 부리야트인들은 이곳을 신성한 곳으로 여길 수밖에 없었으리라. 그래서 불칸바위는 샤먼들이 기도하는 장소이기도 하고, 하늘에 제사를 지내는 곳이기도 하다.

부리야트인들 중에서도 코리부리야트족들의 시원지가 바로 이 불칸바위라고 한다. 몽골의 여시조인 알랑고아의 아버지가 코리부리야트족인데, 이들 코리부리야트족 중에서 동남쪽으로 이동한 사람들이 바로 '부여와 고구려'를 세웠다는 주장에 따른다면, 우리 민족의 시원지인 바로 이 곳 불칸바위 앞에 내가 서있다.

불칸바위로 가는 길은 위험해 보이지 않아 편안한 마음으로 언덕을 내려간다. 깎아지른 호숫가에 우뚝 선 바위이지만 올라가는데 비록 한 사람이 겨우 지나게 만들어진 좁은 길이지만 안전하다. 길 위쪽 능선에 느긋하게 지천으로 핀 야생화를 뜯어 먹는 저 황소 한 마리는 불칸의 정기를 받았는지 오동통해 보인다.

불칸바위 아래로 내려와 바이칼 호수의 맑디 맑은 물에 세수하며 발을 담근다. 하늘도 시리도록 파랗고, 호수도 시리도록 차갑다. 내 마음의 때도 영원히 씻겨 나가기를 민족의 시원지인 신성한 불칸바위에 기원해 본다.

백야의 일몰 속에서 내 몸은 오래 전에 떠났던 고향 마을에 돌아온 듯 어머니 품안처럼 포근하게 느껴진다. 밤이 되자 불칸바위가 내려다보이는 언덕위에 모닥불을 피우고 부리야트족 샤먼이 알아들을 수 없는 이야기로 주문을 외운다. 밤은 점점 깊어 가는데 샤먼의 손짓과 표정은 잊혀진 옛 신화의 한 자락을 연상케 한다. 제정일치 시대의 대제사장에서 이제 인간의 자리로 내려온 샤먼도 울란우데에서 대학원을 졸업하고 박사학위를 소지한 부리야트족의 세습무이다. 밤을 지새울 듯 타오르는 모닥불을 하염없이 바라보며 주문을 낭송하는 샤먼의 표정을 뒤로하고 어둠 속을 더듬어 숙소로 돌아온다.

숙소로 돌아와 일행들과 방갈로 앞에 모닥불을 피워 놓고 준비한 보드카를 몇 순배 돌려 취흥을 돋우며 여독을 풀다가 잠자리에 들었다.

알혼섬의 불칸바위

열네번째 날

이르쿠츠크의 목조건물

캠프파이어와 통나무 방갈로에서 꿈같은 하루 밤의 휴식으로 젊음을 회상하며 낭만의 시간을 보냈다. 이른 아침부터 줄기차게 내리는 빗방울이 알흔섬의 대지를 촉촉히 적셔주고 있다.

갑자기 일행 몇 사람이 이르쿠츠크로 돌아가자며 짐을 챙기며 타고 왔던 버스에 오른다. 분명 2박 3일 일정으로 왔다가 하루 밤을 보내고 간다고 나서니 엉겁결에 따라 나섰다. 아무리 생각해도 알흔섬을 제대로 보지 못하고 귀로에 오른 것이 아쉽고 억울할 뿐이다. 알흔섬을 찾아올 때에는 우리 민족의 발원지를 확인하고, 무속신앙의 원형을 보고자 함이었다. 또한 바이칼호수의 유명한 휴양지로 많이 알려져 여행자들의 발길이 끊이지 않고 있지 않는가?

여행은 화려한 도시를 중심으로 문화유적지와 쇼핑관광을 즐기는 사람이 있는가 하면, 오지 중심의 자연의 아름다움을 찾아 휴식을 즐기는 여행 스타일이 있다. 여행 스타일이 서로 다른 사람끼리 동행한다는 것이 이렇게 어려운 것임을 알았다. 많은 돈과 황금 같은 시간을 길바닥에 버리고 다닌 자신에게 화가 났다.

오후 4시경에 이르쿠츠크에 도착하여 가이드북에 나와 있는 '데까브리스트'(Decembrist) 기념관을 찾아 나섰다. 약도에 나와 있는 기념관 주변을 맴돌며 물어 보지만 제각기 다른 곳을 일러준다. 그때 마침 지나

가는 남·여 경찰에게 물어 보니 기념관까지 친절하게
안내를 해 주어 감사하다는 뜻으로 기념사진까지 찍고
헤어진 일이 있다.

데까브리스트는 러시아를 침입한 나폴레옹 군을 쫓
아내고 유럽까지 추격했던 젊은 장교들 중 제정 러시
아 황제정부의 부정, 부패를 종식시키고자 군사 쿠데
타를 도모했던 이들을 일컫는 말이다. 혁명이 12월에

중앙로의 조각상(레닌)

도모되었다고 하여 12월이라는 뜻의 데까브리스트라고 불린다. 처형당한 5
명을 제외하고 120여 명의 장교들이 시베리아로 유배되었는데, 남편을 버
리고 재가해 자유롭게 살도록 하겠다는 정부의 회유를 뿌리친 일부 장교의
부인들이 가족과 함께 시베리아로 내려와 이르쿠츠크에 정착하면서, 이르
쿠츠크에 당대 최고의 문화가 구현되어 '시베리아의 파리'라고 지칭된 것
이다. 치타 부근에서 강제노동 유배형을 마친 수많은 데까브리스트들이 이

데까브리스트 기념관

르쿠츠크에 정착하였다.

현재 데까브리스트에 관한 유물들을 이 곳에 모아 전시를 하므로 박물관 역할을 하고 있다.

기념관에서 나와 중앙시장과 정교사원을 둘러보고 숙소로 돌아왔다. 제주도 출신 K여사 자매가 호텔 앞 공원에서 현지 경찰의 불신검문에 놀래 호텔로 뛰어들어오다 호텔 종업원에게 붙들려 경찰에 인계되었다고 한다. 경찰차에 끌려가 머리채를 잡혀 차에 태워지고 발길질까지 당하며 500루블을 내고 풀려났다. K자매는 말이 통하지 않아 호텔로 뛰어들어오면 도와줄 것으로 기대하였는데, 오히려 범인으로 알고 붙잡아 경찰에 넘겨버린 사건이다.

놀래서 울고 있는 K자매를 안정시키고, 경찰의 인상착의를 말하여 디지털카메라로 경찰과 같이 찍었던 사진을 보여주니 또 한 번 놀랜다. 바로 이 사람들에게 수모를 당했다며 억울해 하는데, 나는 오후에 이 경찰들의 에스코트를 받아가며 관광을 했으니….

러시아를 여행하다가 경찰에게 금품을 갈취 당하지 않는 사람이 없을 정도로 러시아 경찰은 세계적으로 악명이 높으며 러시아의 마피아로 통한다.

열다섯번째 날

아침 첫 버스로 이르쿠츠크에서 68km 떨어진 '리스트비앙카'(Listvyanka)를 1시간 30분만에 달려간다. 자작나무 숲과 울창한 시베리아 특유의 숲 사이로 난 고속도로를 시원스럽게 달리면 바이칼 호수에서 흘러나온 유일한 물줄기인 앙가라강이 시작되는 지점에 도달한다. 호수와 접한 부분만 빼고 삼면이 산으로 둘러싸여 있다.

산비탈에는 넓은 목장들이 펼쳐지고 한가롭고 평화로워 보이는 작은 마을이 리스트비앙카이다. 앙가라 강의 샤먼바위는 마을에서 건너다보이는 호수 가운데 우뚝 솟아 있는데, 높이가 200m, 무게 150t의 거대한 대리석 바위이다.

리스트비앙카 거리에는 러시아 과학아카데미와 시베리아 지부의 호수연구소, 그리 멀지 않은 보리세코치 거리에는 이르쿠츠크 대학 소속의 수생물 연구소가 있다. 호수 연구소 박물관에는 바이칼표범 박제를 비롯하여 바이칼 호수에 관한 자료들이 총망라되어 전시되어 있다.

앙가라 강이 바라보이는 옥외 박물관에서 17세기의 상인의 집, 부랴티야인의 주거, 아름다운 성화상(이콘)을 소장한 교회가 있다. 호텔 바이칼 뒤편으로 2.5km쯤 언덕을 오르면 호수와 앙가라 강을 잘 조망할 수 있는 전망대가 있다. 호숫가에서 비키니 차림으로 일광욕을 즐기는 시베리아의 유피족들, 쾌속보트를 타고 질주하며 호수 바람으로 가슴을 채우는 사람들, 훈

이르쿠츠크

이르쿠츠크의 도로변 풍경

제 오물을 질겅질겅 씹으며 어슬렁거리는 사람들, 산기슭에 먹을거리를 잔뜩 챙겨 놓은 자리를 만들고 도란도란 담소하는 가족들, 각양각색의 사람들을 만날 수 있다.

포장마차에서 바이칼호수의 별미 훈제 오물에 보드카 한 잔으로 목을 축였다. 바이칼 호수의 아름다운 진풍경을 만끽할 수 있었다. 바이칼 호수의 저녁 노을이 장관이라는데, 오늘밤 시베리아 횡단열차가 예약되어 있어 아쉽지만 서둘러 이르쿠츠크로 되돌아와야 했다.

오후 4시경에 도착하여 이르쿠츠크의 명동이라 할 수 있는 중앙대로를 거닐면서 잠시 휴식을 취한다. 도로에는 자동차가 다니지 않아 보행자들의 천국으로 가족끼리 아이들의 손을 잡고 걸어가는 모습이 너무나 행복해 보인다. 다정한 연인들이 벤치에 앉아서 사랑을 확인하는 모습도 눈에 뜨인다.

호텔로 돌아오는 길에 슈퍼마켓에 들러 횡단열차를 타고가면서 먹을 간식으로 컵라면과 과일 등을 준비하였다. 오후 6시경 짐을 꾸려 호텔을 나와 전철을 갈아타고 이르쿠츠크 역으로 나간다.

밤 8시 10분발 시베리아 횡단열차에 올라 몽골리아의 수도인 울란바토르 여행길에 나선다. 울란바토르까지 밤낮으로 약34여 시간을 달려갈 횡단열차는 한량에 룸이 7실까지 있다. 각 실마다 2층으로 4명이 사용하도록 되어 있고 미닫이를 닫으면 아늑한 침실 분위기이다.

횡단열차는 자정 무렵에 바이칼 호의 다리를 가로질러 가면서 아름다운 호수의 절경을 보여준다는데, 기다리다 지쳐 그만 잠이 들고 말았다.

열여섯번째 날

앙가라 강변에는 시베리아 횡단철도 건설 백주년을 기념하려고 오벨리스크를 세웠다. 이 첨탑 비는 시베리아 철도 건설을 최초로 제안했던 엘마크, 스페란스키, 무라비요프아무르스키 백작을 기념하기 위한 것이다.

유럽과 아시아를 가로지르는 시베리아 횡단은 단연 기차여행의 꽃이다. 시베리아 철도는 1916년에 완공된 총길이 9,466km로 세계에서 가장 긴 철도로 우리나라의 경부선의 20배가 넘는 길이이다. '지구의 크기를 직접 몸으로 느껴보려면 시베리아 횡단열차를 타라' 는 말이 있다. 블라디보스토크에서 모스크바까지 두 번 왕복하면 지구를 한바퀴 도는 거리라고 한다.

시베리아 횡단철도는 군사적인 면과 경제적인 필요에 따라 만들어졌다. 18세기 이후 러시아가 시베리아로 진출하는데 있어서 가장 큰 난관은 자연적 환경이었다고 한다. 러시아는 1858년과 1860년에 청나라와 맺은 '아이훈 조약과 북경조약' 으로 시베리아에 진출할 수 있었다.

시베리아 원유 수송 열차

당시 이 지역은 청나라의 지배력이 매우 약했던 곳으로 군사적 저항은 전무하였다. 러시아는 태평양에 부동항을 개척하고 시베리아의 모피 등 물산을 조달하기 위하여 철도를 건설하였다. 2000년 역사적인 남북 정상회담과 2001년 한러 정상회담 이후 시베리아의 횡단철도가 급부상하고 있다. 시베리아 횡단철도를 통해 한반도를 직접 연결하는 새로운 '철의 실크로드' 실현이 하루 속히 이루어지기를 기원한다.

이번에는 비록 시베리아 횡단철도의 한 구간을 스치듯 지나가지만, 언제인가 기회가 주어진다면 꿈에서나 그리던 유라시아까지 달려가고 싶다.

바이칼호수를 끼고 달리는 횡단열차에서 철로 변의 아름다운 자연풍광을 바라보면서 여행하는 기분도 상쾌하다. 무수한 자작나무 숲 사이로 전형적인 통나무 정착촌, 광활한 스텝지대를 달린다. 차창 밖으로 시베리아의 소나무, 전나무, 낙엽송 등 침엽수림이 계속 펼쳐지며 가끔 초원과 산촌마을이 태고시절 자연의 신비를 그대로 보여준다.

시베리아 횡단열차를 타고 가면서

　같은 사회주의 국가였던 러시아와
중국은 여러 모로 비교가 된다. 중
국의 경우에는 도시와 농촌 구별 없
이 나날이 발전해 가는 모습을 느낄
수 있으나, 과거의 강성대국 러시아
는 변화의 모습을 찾아볼 수가 없다.

시베리아 횡단철도

융성했던 마을이 광산의 폐광으로 지금은 흉가로 변해 흉물스럽게 남아
있다. 그러나 발달된 교통수단과 풍부한 자원을 바탕으로 하고 있는 시
베리아는 지구상에 남아 있는 마지막 새로운 약속의 땅으로 처녀지이며
자원의 보고이다. 모든 지하자원과 산림자원 등은 미래에 이 지역을 새
로운 모습으로 변화시켜 나갈 것이 분명하다.

　이르쿠츠크를 출발한 횡단열차는 시베리아의 장관인 바이칼 호수를 지나
라마교의 흔적이 있는 울란우데(Ulan Ude)를 거쳐 끝없이 서쪽으로 달려
간다. 시베리아 횡단열차는 현재 블라디보스토크에서 시작하여 하바로프스
크를 거치는 노선과 베이징에서 시작하여 울란우데를 거쳐 이르쿠츠크를
향하는 두 가지가 있다. 블라디보스토크에서 시작하는 열차는 그 울창한 나
무 숲의 장관을 느낄 수 있으며 러시아에서 시작하여 러시아에서 끝나는 여
행이다.

　베이징에서 시작하는 울란우데 노선은 황량한 고비사막을 횡단하며 몽고
의 수도 울란바토르 국경을 거쳐 간다.

　우리 일행은 하얼빈 – 만주리 – 쥬바이칼스크 – 치타 – 울란우데 – 이
르쿠츠크 – 울란우데 – 울란바토르 – 북경 여행코스를 따라 가므로 시베리
아 횡단열차와 몽고 횡단열차를 구간별로 이용하며 여행을 하는 셈이다. 시
베리아 횡단열차만을 목표로 일주하려는 여행자들이 있지만 이 철로의 전

노선을 한 번 여행한다는 것은 초인적인 인내가 필요하다.

전 노선을 여행하기 보다는 바이칼 호수 주변을 구간별로 쉬어가면서 집중적으로 여행하는 것이 유익하고 재미있지 않을까 생각된다.

시베리아 횡단열차는 울란우데에 도착해서 차량 몇 칸을 따로 분리해서 몽고 횡단열차로 연결하여 울란바토르를 향하여 달려간다. 러·몽 국경이 가까워지자 횡단열차 내에서도 출입국신고서에 해당사항을 기록하여 제출하고, 관리소 직원이 여권과 비자를 일일이 확인하며 스탬프 도장까지 찍었다.

울란우데에서 새로운 승객으로 교체되어 모처럼만에 30대 중반의 여인 옆 좌석에 앉는다. 울란우데에 살고 있는 부리야트족으로 영락없는 한국 여인의 얼굴이다. 여인은 자기의 이름이 '사랑겔르'이며 나이는 32세로 세 자녀를 두었고, 남편은 출입국 관리소에 근무하는 경찰이란다. 정확한 의사소통이 되지는 않았지만 간단한 영어와 몸동작과 표정으로 상대의 마음을 읽을 수가 있었다. 그의 이름 사랑겔르에서 '사랑'은 한국에서는 'love'의 뜻

시베리아 횡단 철로변 풍경

을 의미한다니 웃음으로 화답한다.

몽고 횡단열차가 국경마을 '수호바도르'에 도착하자 사랑겔르가 이 곳에서 내렸다. 10여분이 지난 후에 승무원 아가씨가 와서 내 손을 끌어당기며 열차 밖 플랫폼으로 안내를 한다. 조금 전에 내렸던 사랑겔르가 마중 나온 아들의 손을 잡고 남편과 같이 서있지 않는가!

주위에는 무슨 구경거리라도 생긴 듯 많은 사람들의 시선이 내 쪽으로 모아진다. 사랑겔르는 나에게 남편을 소개하고 가족들과 기념 사진을 촬영하며 좋아하는 모습이 몽골 횡단열차 여행의 아름다운 추억으로 영원히 간직될 만한 것이다.

사랑겔르 가족의 환송을 받으며 짧은 인연의 만남을 뒤로 하고 횡단열차는 석양노을 속으로 달려 나간다.

철로변 시베리아 벌판

바이칼
카라코룸
몽 골
울란바토르
몽고고원
고비사막
북 경
흑해
그루지야
카자흐스탄
아랄해
카스피해
대한민국 동해
아르메니아
아제르바이잔
투르크메니스탄
카르기니스탄
서해
지중해
터키
파미르고원
티벳고원
중 국
레바논
시리아
이스라엘
아프카니스탄
이 란
동중국해
요르단
이라크
쿠웨이트
파키스탄
히말라야산맥
네팔
부탄
아랍에미리트
오만
인 도
방글라데시
사우디아라비아
미얀마
라오스
에멘
아라비아해
타이
베트남
캄보디아
뱅골만
남중국해
말레이시아
인 도 양
싱가포르

GOBI

고비사막

어둠을 헤치고 달려온 횡단열차는 목적지 '울란바토르 역'에 이른 아침 6시 30분에 도착함으로써 34시간 20분의 기차여행이 마무리 되었다.

울란바토르

짐을 챙겨 플랫폼에 내리니 승무원 아가씨가 잠깐 승무원실로 오라고 손짓을 한다. 아가씨는 메모지에 E-mail 주소를 적어주었다. 그 동안 양고기를 코펠에 삶아서 술안주 하라고 주는가 하면, 컵라면을 끓여주는 등 각별히 친절하게 많은 배려를 해 준 승무원에게 감사를 표하며 뜨거운 포옹으로 석별의 정을 나누었다.

매번 여행을 다닐 때마다 주위 사람들의 호의와 분에 넘치는 사랑과 격려를 받으니 감사할 뿐이고, 이것이 나이를 초월해 여행을 할 수 있게 하는 원동력이 되나 보다.

울란바토르 역사를 빠져나오니 호텔이나 여행사에서 나온 호객꾼들이 집요하게 따라다닌다. 역 맞은 편에 낡은 아파트를 개조하여 'LG게스트하우스'란 숙소 간판을 내걸고 배낭여행자들을 끌어 모으고 있다. 8명이 같이 사용하는 도미토리인데 조반을 제공하고 숙박비로 하루 밤에 5달러를 받는다.

짐을 풀고 샤워를 끝낸 후 게스트하우스에서 100m거리에 있는 울란바토르에 이민 온 지가 3년 되었다는 교포 박창엽씨가 경영하는 한식집에 찾아갔다. 현대시설을 갖춘 일류호텔 1층에 있는 레스토랑으로 한국의 관

몽골

몽골은 1921년 중국으로부터 독립하였고, 1990년 구소련의 멸망과 함께 민주개혁이 진행되면서 사회주의에서 자유주의 시장경제로 전환되었다. 수도는 몽골의 중앙 북부에 위치한 울란바토르(Ulaanbaatar)로 몽골 전체 인구 240만 명의 1/3에 해당되는 80만 명의 도시이다.

북쪽으로는 러시아와 경계하고, 동·서·남쪽으로는 중국과 경계를 나누고 있는 내륙국 몽골은 중앙아시아의 심장이라 할 수 있다. 국경의 총길이가 8,162km이고 총면적은 한국의 7배에 해당하는 1,566,500㎢로 세계에서 17번째의 큰 나라이다. 동서의 길이가 2,392km, 남북의 길이는 1,259km이며, 서쪽에는 1,500km에 달하는 알타이 산맥이 위치하고 있다. 북쪽에는 산림이 울창하고 남쪽에는 고비사막이 있지만 대부분 평지이다. 국토의 90%가 목초지, 사막이고, 10%가 산림으로 되어 있다.

1. 수도-울란바토르
2. 시차-한국보다 1시간 늦다. 4월~10월 서머타임 실시로 한국과 시차가 없어짐
3. 화폐-투그릭
4. 언어-할하 몽골어(70%), 돌궐어(7%), 러시아어
5 종교-라마교

광객을 상대로 영업을 하고 있었다. 아침식사로 된장찌개를 시켜 먹는데, 음식값이 5,000투그릭으로 현지인에게는 상당히 부담스런 값이었다. 몽고의 환율은 1US＄달러에 1,184Tugruk이며, 한국과는 1:1 정도로 거의 비슷한 수준이다.

몽골의 정식 명칭은 1992년 1월 13일 몽골인민공화국에서 몽골리아(Mongolia)로 변경되었다. 칭기즈칸이 다스렸던 부족이 '용감하다' 라는 뜻의 민족명 'Mongol' 을 지역 명 'Mongolia' 로 전환시킨 것이다.

몽골은 지구상에서 외형이나 언어, 민속, 문화적으로 우리나라와 가장 유사점이 많아 친근감이 가는 나라이다.

유라시아대륙 중심의 광활한 초원에서 발흥하여 한때 인류역사상 가장 거대한 강성제국을 건설했었다. 그러나 70여 년간 공산주의 국가로 자유세

계와 단절된 채 신비의 나라로 존재해 왔다. '몽고'라는 이름은 청나라인들이 우매하고 몽매한 야만인으로 비하시킨 데서 유래 되었다.

간등사원

몽골인들은 여러 개의 부족으로 나뉘는데 몽골족(89%), 카자흐족(6%)이 주류이고 브리야트, 다리강가, 다르베트, 러시아인과 중국인들도 소수가 몽골에 살고 있다.

또한 400만 명의 몽골인들이 러시아, 내몽골 등 몽골 밖에서 생활하고 있다.

최근 몽골은 우리나라에서 일한 경험이 있는 몽골인들 위주로 한국어도 많이 사용되고, 한국어 학과도 많이 설립되어 한국어를 배우는 몽골인들이 많이 늘고 있다. 시장이나 상점 등에서 한국어를 하는 몽골 사람들을 어렵지 않게 만날 수 있다. 최근에는 야인시대 같은 우리나라의 드라마가 방영되면서 한류 열풍이 더욱 거세지고 있다.

울란바토르에는 한국인 교포가 1,000명 정도 거주하고 있어 한국의 어느 지방 도시에 온 것처럼 낯설지가 않다. 시내의 자동차 90% 이상이 한국산 자동차로 이미 생산이 중단된 모델인 액셀, 엘란트라, 코란도, 르망 등이 굴러다니고 있다. 시내의 중심가에 눈에 띄는 한국 음식점만도 열 군데도 넘어 보인다.

시내 한복판에 자리하고 있는 '**간등사원**'을 찾아 나섰다. 간등사원은 몽골에서 가장 규모가 큰 라마불교의 중심사원으로 거대한 불상과 불교대학도 있다. 정식 명칭은 '간등테그친른 히드'(Gandantegchinlen Khiid)

간등사원 내

로 '완전한 즐거움을 주는 위대한 사원'이라는 의미라고 한다. 19세기 건축된 사원으로 사회주의 시절에 탄압을 받으면서도 그 명맥을 유지해온 유일한 사원이다.

현재 150여 명의 승려가 기거하고 있으며 오전에 행해지는 종교행사에 많은 방문객이 줄을 잇는다. 사원 내에서는 일체의 사진촬영이 금지되어 있다.

특이한 것은 일반 신도들이 자기의 신상에 관한 문제점을 메모지에 적어서 사원에 제출하면 승려는 메모지 내용을 중심으로 일대일로 면담을 통해 해결해 주는 듯하였다. 이러한 모습은 마치 천주교에서 세례 받은 신자가 지은 죄를 뉘우치고 하느님에게 직접 또는 하느님의 대리자인 사제에게 고백하여 용서를 받는 '고해 성사'와 비슷해 보였다.

울란바토르 남쪽에 위치한 **'자이승 기념탑'**은 사회주의 혁명 50주년을 기념하고 제2차 세계대전에서 일본군 및 나찌 독일군에 대항해 싸우다가 전사한 소비에트와 몽골병사들을 추모하기 위해 세워졌다. 이 곳은 시내 전체를 둘러싸고 있는 초원을 한눈에 내려다볼 수 있는 전망이 좋은 곳이다.

자이승 기념탑에서 전면을 보고 내려오면 **'복드칸 겨울궁전'**이 있다. 1893년부터 건설을 시작해서 1903년에 완공되었고, 몽골의 마지막 황제 '자브춘 담바 후탁트 8세'가 20년간 머물던 궁전이다. 여름궁전은 러시아에 의해 붕괴되었고 그 일부가 파손된 채로 그가 쓰던 유물을 모아 박물관으로 사용되고 있다. 1998년에 개축된 **'몽골 역사박물관'**은 1층의 훈족과 위구르족의 유물이 볼만하고, 2층은 몽골의 장식품과 모자, 의상이 전시되어 있고, 3층에는 칭기즈칸의 도장이 찍힌 1246년 11월 13일자 라틴어와 페르시아어로 쓰인 서류와 당대의 몽골의 무기들도 전시되어 있다.

'수흐바타르 광장'(Sukhbaatar Square)은 울란바토르의 심장으로 국회의사당, 문화궁전, 국립오페라극장, 몽골주식시장, 국립역사박물관 등 국가의 주요 시설들이 집중되어 있다. 중국으로부터 몽골의 독립을 이끈 혁명의 영웅 수흐바타르를 기념하기 위하여 1927년 7월에 시내 중심지에 광장을 만들고 동상을 세웠다. 산책 나온 현지인이 많아 여행자들과 자연스럽게 어울릴 수 있는 장소이기도 하다.

수흐바타르 조각상

복드칸 겨울궁전

수흐바타르 동상

　정부청사가 있는 중앙광장 뒤편의 나짜그도르쯔 거리에 서울시가 투자
해 가로등과 도로정비를 한 이후 '서울의 거리'로 지정되었다. 서울의 거리
한복판에 조그마한 팔각정을 세워 '서울정'이라는 현판도 걸려있다. 서울
의 거리는 한국과 몽골 간의 보다 활발한 교류를 위한 가교역할을 할 것으
로 기대된다.

　그러나 몽골에 와서 거창한 투자계획만 설명하고 돌아가서는 연락조차
없는 한국인이 늘어나고, 관광객으로 왔다가 추태를 부리는 사람도 있어 몽
골인들에게 한국에 대한 불신과 좋지 않는 인식이 확산되어 우려하는 교민
도 있었다. 한국은 물질적으로는 어느 정도 선진화 됐으나 정신적으로는 후
진성을 갖고 있어 국제사회에서 원성의 대상이 되고 있는 경우가 꽤 있는
데, 이 점은 정말 각성해야할 점이다. 우리는 국민적 공동체 인식이 부족하
고 지나친 개인주의 사고가 팽배하여 후진 국민성을 탈피하지 못하고 있는
듯해 안타깝다.

　서울의 거리 주변에는 한국식당과 상점들이 많이 들어서 있고 나이트클

럽에서는 한국 가요가 대인기를 끌고 있
다. 몽골에 새로 등장한 디스코텍 모양의
유흥업소들은 규모는 작지만 밤의 열기가
뜨겁게 달아오른다. 무대에서는 밴드가 연
주하는 음악에 맞춰 젊은 여자들과 이방인
이 흐느적거리며 한 데 어울려 춤을 추고
있다.

서울정

새벽 1시가 넘으면 은은한 조명 아래 쇼
걸이 요염한 자태로 현란한 스트립쇼를 펼
친다. 시장경제 도입 후 바뀐 울란바토르의 밤의 풍속도이다.

봉고차를 7만 투그릭에 랜트해 울란바토르에서 북동쪽으로 80km 떨어
진 지점인 '테렐지(Terelj)국립공원'을 찾아 달려간다. 1964년에 개
발하기 시작하여 30년 후에 국립공원으로 지정되어, 현재는 관광의 명소로
널리 알려져 있다. 테렐지 가는 길 좌측으로 보이는 거대한 거북바위는 이
방인의 발길을 붙잡아 사진의 모델이 되어 주기도 한다.

울란바토르에서 자동차로 1시간 30분 정도 달리면 수려한 계곡과 대초원
이 장관을 이루고 있다. 몽골인 신혼부부들에게는 여행의 최적지로 손꼽힐
정도로 인기가 있는 곳이다.

테렐지는 역사적 유물은 없지만 선사시대 이 곳을 누비던 공룡을 연상케
하는 거대한 공룡상을 지나면, 몽골에서는 흔치 않는 바위산과 소나무 숲

게르

이 펼쳐진다. 초원에 만발한 에델바이스와 갖가지 들꽃, 야생 동물들, 숲 사이로 흐르는 계곡물은 자연을 만끽하기에 충분하다. 또한 승마, 하이킹, 래프팅, 스키 등 레포츠를 즐기기에 매우 좋은 곳이다. 각자 말을 빌려 타고 아름다운 초원의 무공해 경관을 즐기며 자연을 만끽할 수 있는 행복한 시간이다.

일행들은 초원 한 가운데에 유목민의 전통가옥인 '게르(Ger)' 다섯 동의 숙박시설이 갖추어진 곳으로 안내 되었다. 게르의 내부에는 특색 있는 잠자리로 꾸며져 이국적인 분위기가 아늑함을 더해준다. 싱글 침대가 6개 놓였고, 침대 하나를 빌리면 1박에 3,000투그릭, 한 동을 빌릴 때는 15,000투

양고기 요리

그릭이란다. 현지 음식으로 양 한 마리를 잡아서 요리를 해 주는데 25,000투그릭이다. 일행 6명 중 양고기를 먹을 수 있는 사람은 나 밖에 없다. 현지인은 우리가 한 마리의 양을 먹어 주기를 원하지만 먹을 줄 아는 사람이 없어 기분이 상한 모양이다.

우여곡절 끝에 5,000투그릭에 해당되는 양만 시켰다. 난로에 불을 때서 밤자갈을 달구어 양고기와 감자를 넣고 2시간 정도 기다려야 한다. 고기가 생각보다는 질기고 별맛이 없어 실망을 했다.

양고기 요리 값으로 5,000투그릭을 지불
하니 15,000투그릭이란다. 5,000투그릭
에 해 주기로 하고 왜 터무니없이 많이 요
구하느냐고 물었더니, 기사가 우리 일행을
자기들에게 인솔해 온 소개비로 10,000투
그릭을 주어야 되므로 더 내야 된다는 논
리이다. 관광객이 많은 곳은 어찌할 수 없
는지 자연의 무공해 삶 속에서도 몽골인의
순수성을 잃어 가는 모습을 엿볼 수가 있다.

　울란바토르로 되돌아가는 길에 한국의 어느 교회에서 왔다는 여행객을
한 차 태운 관광버스를 만났다. 이번 몽골여행에서는 동서양의 외국인을 거
의 만나보지 못했고, 대부분 한국에서 온 여행자들이 주축을 이루고 있다.
　인위적인 조형물이 관광자원인 많은 나라와 달리 몽골의 관광자원은 바
쁜 일정과 물질문명에 지친 현대인들이 동경하는 문명의 오염이 없는 대초

텔레지국립공원 전경

원과 사막이 어우러진 아름다운 자연이다. 사회주의 시절에는 1년에 8,000명 정도의 관광객이 찾아왔으나 최근에는 20만 명 이상으로 급증했단다. 관광수입도 500만 달러에서 5천만 달러로 10배 이상 크게 늘고 있다.

관광시설이 열악해 여행하기에 불편한 점이 많지만 몽골은 서둘지 않고 자연을 보존하는 관광정책을 추진하고 있다. 관광수입도 중요하지만 관광객 유치로 자연환경과 생태계가 파괴되어서는 안된다는 것이 몽골의 국민적 합의이다.

오후 5시 30분경에 울란바토르로 귀환하자마자 서둘러 역 앞에 있는 도매시장으로 달려갔다. 내일부터 6박 7일 일정으로 고비사막 투어에 필요한 준비물로 오이, 제과류, 음료수 등을 구입하여 숙소로 돌아왔다.

제주도 B사장과 저녁식사를 하기위해 박창엽씨가 경영하는 레스토랑으로 갔다. 레스토랑에는 몽골의 '바가반디' 대통령 일행이 만찬을 즐기고 있었다. 몽골은 내각제로 대통령은 실권이 없지만 국가의 원수이다. 현직 대

텔레지국립공원

통령에 대한 경호원의 경비가 거의 없고 상당히 자유스러운 분위기이다. 이방인에 대한 여권 및 신분증을 보자는 사람도 없다. 호텔 주차장에는 바가반디 대통령 일행이 타고 온 것으로 보이는 한국산 무쏘자동차 3대와 수행원 몇 사람이 전부다.

　몽골은 70년간 사회주의 국가로 있다가 소련이 붕괴되면서 1992년에 자유민주주의 국가가 되었다. 자유민주주의를 시행한지 12년 밖에 되지 않는 몽골에서 한국보다 앞서가는 자유민주주의가 이루어지고 있는 느낌이다. 한국이라면 이방인이 아무런 제재도 없이 감히 그 레스토랑에 들어가 식사를 즐기고 나올 수 있었을까?

DATE 열아홉번째 날

　몽골 여행의 하이라이트라 할 수 있는 고비사막의 트레킹을 현지 여행사와 6박 7일 일정으로 침식 제공해 주는 조건으로 1인당 180달러에 계약을 했다. 울란바토르까지는 한 사람의 낙오자 없이 무사히 왔다. 이제부터 시작되는 고비사막 트레킹은 각 개인의 체력과의 싸움이기 때문에 본인의 신중한 판단이 요구되었다.

　트레킹 도중에 건강에 이상이 생겨도 사막 한가운데는 병원도 없고 왔던 길을 되돌아갈 수도 없다. 한계상황 속에서도 미지의 세계를 동경하고 체험코자 사막에 나이를 버리고 몸을 던져 보기로 했다.

　일행 19명 중 고비사막 트레킹을 포기하고 귀국한 사람은 7명이나 되었

고비사막

다. 고비사막의 관광객 휴양지는 5월에 영업을 개시하여 9월에 철수한다.

　일행 12명과 기사 3명, 푸드 포터 1명, 통역 1명을 포함하여 총 인원 17명이 2대의 짚차와 봉고차에 분승하여 오후 2시에 고비사막을 향하여 출발하였다. 일주일 동안 사막에서 가장 중요한 것은 식수이기 때문에 도중에 슈퍼마켓에 들러 1인당 1.8리터짜리 미네랄워터 10병을 샀다.

　시내를 빠져나간 자동차는 뿌연 먼지를 일으키며 비포장도로를 달려 나간다. 몽골의 광활한 대초원은 지금도 대자연의 신비를 그대로 간직한 채 끝없이 펼쳐지고 있다. 끝자락이 보이지 않는 넓은 초원에는 오늘도 13세기 칭기즈칸이 거대한 몽골제국을 건설할 때처럼 많은 말들이 풀을 뜯고 있다. 그러나 세계 최대의 강성제국 몽골은 빛바랜 영광의 역사 속에서만 존재할 뿐이며, 말발굽 소리가 요란했던 대초원에 지금은 평온만 가득하였다.

　자동차가 계속 달려도 끝자락이 나오지 않을 것 같은 초원에도 어둠이 밀려오면서 깊은 계곡 사이로 접어들었다. 울란바토르에서 180km 지점인 '바이온줄' 바위산 절벽 밑에 야영텐트 두 개를 설치하였다. 총인원 17명이 4인용 텐트 두 개에서 하루 밤을 쉬어간다고 생각하니 은근히 걱정이 된다.

한낮의 따가웠던 사막 기온이 밤이 되면서 한기를 느끼게 하며 움츠러든다. 일행들 사이에 그동안 여행 과정에서 쌓였던 불만이 폭발하여 수습하기 어려운 상황으로 전개되어 갔다. 이번 트레킹에 침식을 제공하는 조건이 첫날 밤부터 제대로 이행되지 않았다. 또한 두 개의 텐트도 트레킹에 참가한 우리 일행이 구입한 것으로 1인당 추가비용을 10달러씩 더 내라고 한 데서 문제가 발생했다.

모두들 저녁식사도 제대로 하지 못한 상태에서 자동차나 텐트 안으로 뿔뿔이 헤어졌다. 나는 방한복으로 완전 무장한 채로 초원 위에 침낭을 깔고 누웠다. 밤하늘에 반짝이는 수많은 별과 은하수가 어두운 지구를 위압하고

고비사막(바이온줄)

고비사막 트레킹

있는 것 같다. 잡힐 것만 같은 가까움과 선명함이 고비사막의 진수를 보여주는 황홀한 밤이다. 고비의 첫날 밤은 초롱초롱한 별빛과 은하계를 수놓은 비단금침에 몸을 휘감아 동화속의 왕자가 되어 머나먼 꿈나라로 여행을 떠난다.

삼라만상이 고이 잠들어 있는 사막의 밤은 적막공산으로 이름모를 풀벌레 소리가 이방인의 깊은 잠을 깨운다. 잠에서 깨어나니 갑자기 온몸이 쑤시고 떨리며 한기가 들었다. 간밤에 내린 이슬이 침낭을 흠뻑 적셔 놓았다. 플래시를 켜 시계를 보니 새벽 3시를 지나고 있어, 먼동이 트기까지는 부족한 잠을 청해야 했다. 초저녁에 보았던 은하계가 새벽녘이 되면서 더욱 선명하고 아름답게 반짝인다.

스무번째 날

저녁식사를 하지 못했던 일행들은 아침에 눈을 뜨자마자 각자 가지고 있던 비상용 컵라면과 미숫가루로 허기를 면한다. 그리고 동행한 요리사가 한국인의 식성에 거의 맞는 밥과 고기찌개를 준비하여 일행들이 가지고 있는 고추장과 밑반찬으로 맛있게 조반을 들었다. 오늘도 자동차에 분승하여 광활한 초원을 가로질러 덜커덩거리며 달려가는데 도로가 따로 있기 보다는 자동차가 달려가면 도로가 되는 것이다. 비행장도 활주로가 없어 평지에 그대로 착륙해도 바퀴가 흙 속에 빠지지 않는 곳이 바로 고비 사막이라 불리는 땅이었다.

2대의 짚차와 봉고가 한 팀이 되어 경쟁을 하듯 선두를 바꾸어가며 황량한 자갈밭을 달려 나가다 갑자기 선도차의 타이어가 펑크가 났다. 험악한 자갈밭 길을 운행하기 때문에 예비 타이어를 항상 준비해 가지고 다니다 금방 교체하여 다시 떠난다.

계속 달려 나가도 지평선만 보일 뿐 사막의 어느 지점을 통과하고 있는지 전혀 감이 잡히지 않는다. 기사들도 도로가 아닌 도로가 사방팔방으로 나있기 때문에 헤매며 유목민의 게르가 보이면 찾아들어가 물어보면서 가고 있다. 한 달이면 세 번 정도 여행객을 태우고 고비사막을 누빈다는 기사들이 이렇게 헤매는 것을 보니 이방인이 개별적으로 렌터카를 내서 오기는 쉽지 않아 보였다.

고비사막은 해발 3,000m 이상의 높이로 치솟는 구르반사이칸 산맥 사이

고비사막

고비사막의 낙타

로 중국과 몽골의 국경을 따라 5,000km의 길이로 몽골의 대평원을 감싸며 길게 뻗어 있다. 고비사막의 전체 면적은 5백3십만 헥타르에 달하며, 전국토의 23%를 차지하고 있다.

사하라 사막처럼 생명체가 없고 찌는 듯한 더위가 있는 곳으로 연상하기 쉬우나 '고비'(Gobi)란 몽골어로 식물이 자라기 어려운 자갈성의 건조 지대를 의미한다. 자갈이 많이 섞인 토질이지만 결코 황량한 불모를 뜻하는 것은 아니란다. 연간 강우량은 50mm밖에 내리지 않지만 그래도 지하수는 풍부한 편이다.

몽골의 고비는 다른 모래사막과는 달리 모래 색깔이 다갈색의 거대한 사막이다. 고비사막은 대부분이 초원지대로 야생동물과 채소류도 풍부하여 낙타 사육의 원산지이다. 모든 사막이 그렇듯이 고비 사막의 생태계는 해가 지날수록 수없이 변하고 있다. 그렇기 때문에 몽골의 고비사막은 많은 희귀 동물들의 서식지가 되고 있다. 높은 모래 언덕의 붉은 절벽이 눈에 들어오고 또 다른 곳에서는 대평원의 방목지에 천 마리도 넘는 영양의 무리들이 보인다.

아르갈리(Argali)라 불리우는 중앙아시아에서만 볼 수 있는 구부러진 큰 뿔을 가진 야생양은 세계 곳곳의 자연주의자

고비사막의 낙타

들의 마음을 사로잡기에 충분하다. 고비사막은 낙타로도 유명하다. 왜냐하면 고비 낙타는 중 근동, 아랍의 낙타가 등에 지방을 저장하는 혹이 하나인 것과는 달리 두 개의 혹이 있다. 낙타를 타고 모래 언덕을 오르내리며 그 어느 곳에서도 느껴보지 못한 독특한 경험도 할 수 있다. 또한 고비사막은 옛날의 유적들 중에 공룡의 알과 뼈의 화석들이 가득한 보고이기도 하다.

오 보

오보라고 하는 돌무더기는 고비사막 뿐만 아니라 몽골과 시베리아 전 지역에 걸쳐 널리 존재하고 있다. 이것은 흙이나 돌을 원추형으로 쌓아올려 그 상부에 버드나무 가지 한 묶음을 꽂아 두거나 나무 막대를 세워 놓은 것을 말한다. 오보를 통과하는 사람은 반드시 말에서 내려 이에 절을 하고 지나가며 오보의 나뭇가지에 공물로 예배를 걸어 놓거나 오보에 돌을 던져 기원했다고 한다.

MEMO 　오보

돌궐족들은 조상이나 수장 또는 왕이 죽으면 돌무더기로 덮어 동물들로부터 보호하고 때가 되면 그곳에 제사를 지냈다. 그들에게는 오보는 조상의 무덤을 상징하고, 특히 왕의 무덤은 라마교의 중요한 성지로 여겼다.

오보는 우리나라의 마을입구나 고개 마루에 돌무더기와 신목, 당집 등이 존재하듯 단독 또는 복합적인 형태로 서낭당의 형태를 갖추고 있다. 우리의 서낭은 외부에서 들어오는 액·질병·재해·호환 등을 막아주고, 한 해의 풍년을 기원하는 장소이자 신앙의 대상으로 마을에 큰 일이 있을 때에는 무당을 불러 서낭굿을 벌이고, 개인적으로는 가족의 건강과 평안을 위해 헝겊이나 짚신 조각을 걸어 둔다. 또한 통행인은 서낭을 지날 때 돌을 주워 돌무더기에 던지거나 침을 뱉어 도로에 배회하는 악령의 피해를 줄이고자 하며, 정초에는 부녀자들이 간단한 제물을 차리고 가정의 무병무사를 빈다. 그러나 서낭당 근처에는 제사 때가 아닌 평상시에는 접근하기를 꺼린다. 이것은 만약 마을 신에게 부정한 일이나 금기를 어기는 일이 있으면 신벌을 받는다고 여기기 때문이다.

오늘은 240km를 달려와 '만달로아'라는 몇 채의 게르가 있는 조그마한 마을에서 고비의 두 번째 밤을 쉬어가기로 했다. 여행사는 일행들을 세 팀으로 나누어 텐트를 두 개만 설치하고 한 팀은 게르를 빌려서 자기로 했다. 그렇지 않아도 어제 밤 사건 이후 여자들 사이에는 루비콘 강을 건넌 듯 하루 종일 냉랭한 분위기가 지속되었다. 인간의 참모습은 가장 어려움에 처해 있을 때 그가 어떻게 처신하는가를 보면 인격을 알 수 있을 것이다. 여행은 혈기가 아니라 인내로 가는 것임을 모두가 깨닫게 되기를 기대해 본다.

오늘 밤도 황량한 사막의 텐트가 나의 유일한 안식처로 고비의 기를 받아 에너지를 재충전하여 내일을 힘차게 맞이하고 싶다.

스물한번째 날

고비사막의 노부부

트레킹을 시작할 때에는 사막이라면 까마득하게 넓은 모래벌판에 생명체가 존재할 수 없고 낙타를 타고 오아시스를 찾아가는 낭만적 여행만을 생각했다. 고비사막은 몽골의 전체 면적 중 23%를 차지하고 있으나, 모래사막은 그중 3%에 불과하다.

오늘이 3일째 되는 날인데도 모래사막은 커녕 갯벌 같은 황량한 담갈색 자갈밭에 거친 잡초만 띄엄띄엄 나 있을 뿐이다. 이따금 무성한 초지가 있는 곳에는 유목민의 주거지인 게르가 몇 채 있고 수백 마리가 되는 소, 말, 양, 쌍봉낙타까지 방목하고 있다.

목동을 따라 충직한 사나운 개 몇 마리가 초병으로서 가축의 이탈을 막고

고비사막의 게르

있다. 유목민들이 주로 말을 교통수단으로 이용하고 있으나 이 곳도 산업화
의 영향인지 오토바이가 등장하여 초원을 질주하는 모습도 보인다.

　게르가 띄엄띄엄 대여섯 채 있는 '티멘샤월' 마을에 들러 쌍봉낙타를 타
고 한 시간 정도 즐거운 시간을 가졌다. 인도의 타르사막에서 탔던 낙타에
비해서 고비사막의 낙타는 몸집도 적으면서 쌍봉낙타의 양봉 사이에 앉으
니 비교적 안정감이 느껴진다.

　울란바토르에서 남고비의 '달랑자드가드'(Dalanzadgad)까지는 553km
거리이며 항공편으로 1시간 20분이 소요된다. 고비사막 여행의 출발점이라
는 달랑자드가드를 지나 46km 지점에 있는 '욜린암'(Yolyn Am)까지 오는
데 자동차로 3일 동안을 달려왔다.

　욜린암은 한여름에도 얼음이 녹지 않는 사막 한 가운데의 얼음계곡으로
거대한 모래언덕과 공룡화석지로 유명한 **'구르반사이한'**(Gurvan-
saikhan)국립공원이다. 국립공원 매표소 게이트에서 입산 시간이 늦었

고비사막 **223**

다며 통제를 한다.

국립공원 게이트 주변에 조그마한 마을에 게르 한 채를 얻고, 텐트 두 개를 치고 셋째날 밤을 맞이한다. 여느 날 밤과 마찬가지로 사막의 밤은 일찍 찾아오고 하늘엔 별들이 일찍 내걸려 반짝이고 있다. 이제는 자동차 타고 거친 사막을 달리기에 몸도 마음도 지쳤는지 앉기만 하면 졸음이 쏟아진다.

스물두번째, 세번째 날

고비의 4일째로 일찍 일어나 일출을 보려고 마을 앞에 있는 야트막한 민둥산으로 오른다. 나무 한 그루 없는 민둥산 꼭대기에도 오보를 정성스럽게 쌓아올리고 중앙에 나뭇가지를 꽂아 오색 헝겊을 주렁주렁 매달아 놓았다.

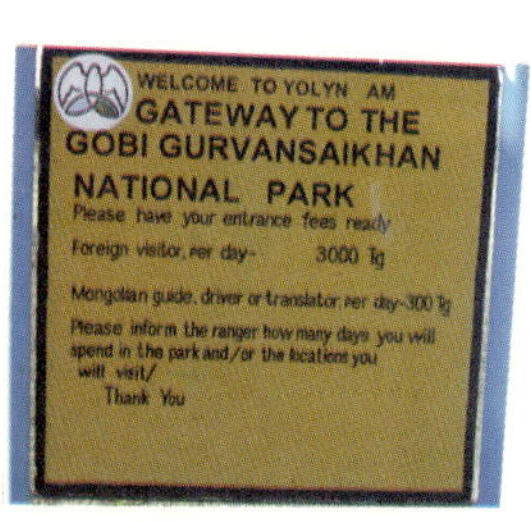

일출 직전 건너편 민둥산에 쌍무지개가 또렷하게 아치를 그리고 있어 환상적이다. 저 멀리 운해 사이로 태양이 초승달처럼 보이더니 카메라 셔터를 누르기도 전에 눈부신 태양이 되어 떠오른다. 저 태양이 창공에 내걸리면서 오늘 하루도 지구의 파수꾼으로 모든 사람의 눈이 되어줄 것이다.

국립공원 매표소에 3,000투그릭을 내고 게이트로 들어가면 작은 자연박물관에는 공룡 알과 뼈, 박제 새와 눈표범이 전시되어 있다. 자연박물관을 나와 자동차로 30여분 정도를 가면 주차장이 나온다. 이 곳을 찾아온 모든 사람은 주차장에서 내려 말을 타든지, 아니면 걸어가야 된다. 가파른 천길 낭떠러지 계곡 밑바닥에 난 개울 길을 따라 걸어간다.

대머리 독수리가 많이 살아 독수리 계곡이라 부른다. 하늘을 찌를 듯이 수직으로 치솟은 바위 골짜기 사이로 1m 두께가 넘는 얼음이 거의 연중 내내 녹지 않고 얼어 있어, 고비사막의 따가운 햇살과 더위를 식힐 수 있는 드라마틱하고 특별한 경치로 유명해졌다. 그러나 8월 중순에서 9월 중순까지는 얼음이 다 녹아 볼 수 없어 안

고비사막 국립공원 악사

타까웠다. 이러한 시기에 이곳을 찾아온 것이 원죄이지 얼음 계곡을 원망할 수는 없는 노릇이었다.

한 시간 정도 계곡을 따라 내려갔다가 다시 돌아오는 코스이다. 계곡을 따라 제법 많은 물이 흘러가는 한적한 웅덩이에 몸을 담가 더위를 시키는 여유를 가져본다. 이렇게 외진 사막의 계곡까지 화가가 스케치를 나와 소품

고비사막 국립공원 얼음계곡

고비사막 트레킹-수동 주유기

고비사막 트레킹-상인

의 그림을 전시판매도 하고 있다.

욜린암 관광을 마치고 매표 게이트로 되돌아 나와 '다름잣갓' 으로 향한다. 점심을 먹는 동안 자동차가 문제가 생겼는지 차량정비를 받으려 나가더니 3시간을 지체한 후에 돌아온다. 늦게 출발한 자동차가 140km 지점인 '타운돌가' 에 도착하기도 전에 먼 지평선 위로 불타는 노을을 남기며 해가 떨어지고 있다.

고비사막 트레킹-무지개

스산한 바람이 불어대는 대평원에 가득 덮인 풀이 파도처럼 일렁인다. 몽고의 초원, 시베리아의 설원 그리고 파타고니아 팜파스는 평생에 한번쯤 달려 봐야 할 삼대평원이라 하지 않던가? 끝없이 전개되는 지평선을 놓치기 싫어 지치지 않고 바라보던 눈이 피로하였을까 잠깐 잠이 들었던 모양이다.

언뜻 정신을 차리니 대지는 이미 어둠이 서서히 깔려오고 있다. 바람 부는 광야에 어스름한 초저녁 하늘은 별들이 하나 둘씩 걸려오기 시작한다. 이 환상적인 광경에 머리는 생각을 멈추었고, 가슴에는 잔잔한 희열이 조용히 넘쳐 흐른다. 깜박이는 별빛 사이로 구름이 가는 걸까? 별이 가는 걸까? 아마도 허허벌판 광야에 나그네 이방인이 가는 것이겠지!

오늘도 서둘러 정처 없는 나그네 길을 떠나지만 사막의 주변 환경이 별다른 변화가 없어 지루한 시간이

고비사막 게르 조립

계속 이어지니 허탈감이 생긴다. 광활한 대초원을 달리다보면 게르가 많이 세워져 있는 것을 볼 수 있다.

유목민들은 목축이 생업이기 때문에 일정한 곳에 정착을 하지 않고 초지를 따라 이동하며 게르에서 생활한다. 게르는 이동식 원형주택으로 유목민들이 간단히 조립하여 사용하는 생활공간이다.

그러나 최근에는 고비사막이나 관광지에 숙박업소로 게르를 만들어 여행객을 유치하고 있다. 게르는 밖에서 보는 것과는 달리 내부는 화려한 원색으로 아늑하게 꾸며져 있으며 침대까지 갖추어져 여행자가 하루 밤의 휴식을 보내기에 부족함이 전혀 없다.

달리던 자동차가 갑자기 멈추어 선다. 이번에는 타이어 펑크는 아니고 차의 밑 부분이 노면에 닿는 소리가 난다. 울퉁불퉁한 자갈길을 달리다보니 스프링이 내려앉은 모양이다. 고치려면 시간 좀 걸리겠지 생각했는데 20여분 만에 수리를 끝낸다. 몽골에 굴러다니는 자동차는 대부분 한국산 중고차로 비포장도로가 많아 자동차 고장이 일상화돼 있다. 이렇기 때문에 운전사들이 한국의 정비사 못지않게 자동차를 잘 고친다. 몽골에서는 운전면허 시험을 볼 때 정비 시험에도 합격해야 면허증이 나온단다.

고비사막을 운행하는 자동차는 예비 기름통을 가지고 다녀야 한다. 사막

고비사막의 삼남매

에 주유소가 거의 없고 이따금 마을을 지나치다 보면 주유소를 만날 수 있으나 낮 시간에는 전기가 들어오지 않아 계측기를 수작업으로 돌리는 모습이 퍽 이색적이다.

타운돌가에서 160km 지점에 있는 '만달'은 인구 3,000명 정도의 제법 큰 마을인데 울란바토르와는 비교할 수 없을 정도로 경제적으로 낙후된 지역이다. 빈부의 격차가 심해서 수도와 지방의 생활수준은 비교하는 것 자체가 의미가 없다. 말과 소 한 마리는 각각 우리 돈으로 70,000원, 양 한 마리는 20,000원에 살수 있을 정도로 생활이 어렵다. 상하수도 시설이 없어서 무척이나 물이 귀한 곳으로 유료로 물을 파는 곳도 있으며 물심부름은 아이들의 몫이다. 이 곳 사람들은 물이 귀하다보니 거의 씻지 않고 지내는 것이 습관화되어 있다. 울란바토르를 벗어나면 대부분이 이정도 생활방식으로 살아간다.

고비의 닷새째 밤은 만달마을에서 보내기로 했다. 초원은 널찍한 바위로 조경을 한 것처럼 아름답게 꾸며졌다. 완만한 능선아래에 있는 아늑한 바위 밑에 텐트를 쳐서 보금자리를 마련했다.

마을 사람의 초청으로 게르를 방문하니 손님으로서 정중하게 접대를 한다. 몽골의 유명한 전통주인 마유주라는 술을 항아리에서 한 바가지 퍼준다. 말 젖을 발효시킨 걸쭉한 요구르트 맛으로 내 입맛에 맞지는 않았지만 성의를 무시할 수 없어 마셨더니 정말 맛있어 하는 줄 알고 자꾸 퍼준다.

현대 문명의 사각지대에서 어려운 삶을 사는 고비인들이지만, 그래도 티 없이 맑고 깨끗한 영혼을 간직한 무공해 인간으로 살아가고 있다. 행복의 본질을 물질에 두고 있는 우리의 삶과는 전연 다른 세계에서 그들은 행복을 추구하고 있었다. 거칠 것이 없는 광활한 초원에 오염되지 않는 깨끗한 환경과 공기 덕분에 고비 인들은 시력이 2.0 이상을 유지하고 있어 안경을 쓰는 사람이 없다.

스물네번째 날

오늘의 최종 목적지가 만달에서 540km 떨어진 국경마을인 '자민우드'(Zamyn Uud)이다. 다른 때 같으면 이른 아침부터 바쁘게 서둘던 기사들이 오늘따라 더 느긋하다. 통역 아가씨에게 오늘은 자민우드까지 가는데 왜 서둘지 않느냐고 물어 보았다. 통역 아가씨 대답이 오늘은 자민우드까지 거리도 멀고 길이 험해서 '쌴쌴'(Saynshan)에서 하루 밤을 더 자야 된다는 것이다.

고비사막의 도시 쌴쌴

쏸쏸의 양가죽

　계약 내용이 오늘 자민우드까지 가는 것으로 되어 있는데, 여행사 마음대로 일정을 수정하는 것은 절대로 수용할 수 없노라고 강하게 일행들의 뜻을 모아 전했다. 알고 보니 여행사와 차주가 따로 있다. 자기차를 운전하는 기사가 차주이며, 여행사 대표로 요리사가 따라온 것이다. 일행들이 자민우드를 강력하게 요구하니 기사와 여행사 간에 이해관계가 복잡해 진 것 같다.

　자동차가 정오 무렵에 쏸쏸에 도착하여 시장 주변 레스토랑에서 점심을 먹게 되었다. 사막에서도 채소, 감자, 오이, 당근 양파 등을 재배하는지 쏸쏸 길거리 시장에서 팔고 있다. 한국산 중고 옷을 길거리에 펴놓고 재봉

쏸쏸의 시장

틀로 수선을 해 가며 팔기도 한다. 유목민들이 기르던 소와 양을 잡아서 포대에 쌓아서 고기는 고기대로 양가죽은 양가죽대로 시장으로 가지고 나왔다. 그런가하면 시장 건달패들은 노변에다 당구대를 설치해 놓고 담배를 꼬나물고 내기 당구를 치는지 주변이 소란하다. 50년대 한국의 시장통을 연상케 한다.

여행사와 기사들 입장에서는 자민우드까지 가면 하루 일정이 더 늘어나게 되므로 추가비용이 발생할 수밖에 없는 상황이다. 이들은 처음부터 거리를 단축해서 하루 일정을 더 늘리려고 계획했다가 우리 일행들이 계약 이행을 요구하며 잔금을 지불하지 않자 당황하는 기색이 역력하였다.

이 곳에서 밤 11시에 자민우드까지 가는 침대열차 티켓을 끊어주고, 1인당 20달러를 주겠다고 여행사 측에서 사정을 해왔다. 일행들은 잠정적으로

쌴쌴의 건물

동의하고 쌴쌴 역으로 나갔으나 기차 좌석표를 구할 수가 없었다.

　상호간에 마음 고생만 하고 시간까지 지체하여 오후 4시가 지나서야 자동차는 국경도시 자민우드로 향하였다.

　울란바토르에서 쌴쌴 까지는 광활한 사막의 초원을 별 어려움 없이 달려왔다. 그러나 쌴쌴 에서 몽골측 국경마을 자민우드까지 약 275km는 산등성을 오르내리며 도로도 아닌 험악한 길을 개척하면서 가야했다. 늦은 출발로 해가 금방 떨어지자 한치 앞도 내다볼 수 없는 칠흑 같은 어두움이 이어지자 그동안 자동차들이 주로 다녔던 차도에 난 타이어 자국을 놓쳐 몇 차례 헤매었다. 이렇게 길이 좋지 않아 여행사측에서 기차표와 20달러씩을 반환하고라도 자민우드까지 오지 않으려고 했던 모양이다. 밤길을 마음 졸이며 달려온 끝에 새벽 3시경 자민우드에 도착함으로서 1400km의 고비사

쌴쌴의 원형탑

막 트레킹의 대장정이 끝나는 순간이었다.

 국경마을이 고이 잠든 새벽에 숙소를 구하기가 쉽지 않아 버스터미널에서 노숙을 하다가 국경버스를 타야 될 모양이다. 다행히 현지인이 겔 민박집을 알선해 주어 깊이 잠들어 있던 가족들을 내보내고 두어 시간 동안 눈을 붙일 수 있었다.

오호츠크
바이칼
카라코룸 몽골
울란바토르
몽고고원
카자흐스탄
아랍해
북경
흑해 그루지야
카스피해
아르메니아
아제르바이잔
투르크메니스탄
카르기니니스탄
터키
파미르고원
티벳고원
중국
대한민국 동해
서해
레바논 시리아
이스라엘
요르단 이라크
이란
아프카니스탄
쿠웨이트
파키스탄
히말라야산맥
동중국해
네팔
부탄
인 도
아랍에미리트
오만
사우디아라비아
방글라데시
미얀마
라오스
에엔
아라비아해
뱅골만
타이
캄보디아
베트남
남중국해
인 도 양
말레시아
싱가포르
지중해

BEIJING

북경(北京)

스물다섯번째 날

　지민우드에서 국경을 넘어 북경까지 하루에 한 번씩 가는 버스가 아침 7시에 출발한다. 국경버스를 놓치지 않으려고 자는둥 마는둥 아침 여섯시에 일어났다. 6박7일 동안의 트레킹을 무사히 안내해 준 통역아가씨 '오윈수렌' 양과 기사들에게 감사의 성의를 표하고 서둘러 버스터미널로 나왔다.

　몽중 국경을 넘나드는 침대버스 요금은 2식을 제공하고 180위엔으로 이번 여행에서 탔던 다른 침대버스에 비해 약간 공간이 넓고 깨끗한 편이다.

　7시에 터미널을 출발한 버스가 20분을 달려 몽골국경 출입국 관리소에 도착하였다. 출입국 관리소 직원들의 출근시간이 9시 30분이기 때문에 2시간은 족히 기다려야 했다. 출입국 절차를 받는 과정에서 중국과 몽골 사람들의 질서의식은 수준이하로 질서를 깨닫기에는 더 많은 시간이 필요해 보였다.

　몽골 국경을 넘어 중국 국경으로 들어서는 순간 양국의 경제적 수준 차는 피부로 느껴지리만큼 커 보인다. 오랜 기다림 끝에 몽골과 중국의 출입국 수속을 마치니 12시가 지나 버스는 중국의 국경도시 '에린'(Ereen)시내 도로변 한 레스토랑 앞에 멈췄다. 점심은 버스회사가 제공하는 중화요리를 시켜 아침 겸 점심으로 먹었다.

　버스는 오후 2시가 되어서야 북경을 향해 출발한다. 자민우드에서 북경까지 버스로 12시간 정도 걸린다고 들었다. 버스 기사에게 북경도착 예정시간을 물어보니 내일 아침 6시경에 도착한다고 한다. 그렇다면 총 23시간이 소요된다는 이야기로 양국 국경을 넘어 점심시간까지 무려 7시간을 보낸 셈이다.

　고비사막의 여독이 풀리지 않아 버스에 누워 충분한 휴식을 취하며 가야

겠다. 밖에 따가운 햇볕이 차창을 통해 비춰 올 여름의 진수를 보여주려는지 등줄기에서 땀방울이 흘러내려 숙면을 청하기도 쉽지 않다.

옆 좌석에는 몽골대학 한국어과에 재학 중인 19세 소녀 '미소'라는 한국식 이름을 가진 학생이 타고 있다. 한국말을 자유롭게 구사하고 있다. 아버지는 전기기술자이며 어머니는 몽골 농업대학 교수이고, 오빠는 영국에 유학 중이란다. 미소는 금년 겨울이나 내년에 한국에 유학을 나올 거란다. 미소는 몽골 상류층 가정의 귀여운 소녀로 행복하게 성장해 왔음이 느껴진다. 오늘은 어머니가 두 딸을 데리고 다른 일행들과 함께 여행사를 따라 북경으로 가고 있었다. 미소의 말에 의하면 몽골은 교육열이 높지 않고, 국민들이 교육의 중요성을 깨닫지 못하고 있어 걱정이란다. 한국에 대해서 많은 호감을 가지고 있으며, 같은 인종으로서 선진국 한국이 경제적 어려움을 겪고 있는 후진국 몽골을 도와주기를 몽골국민들은 기대하고 있단다. 몽골은 지하자원이 풍부한 나라로 한국과 상호 보완적 경제교류가 이루어지면 그 옛날의 칭기즈칸의 영화를 재현할 수 있지 않겠냐며 제법 어른스럽게 말하고 있다. 하루 속히 교육열이 높아져 미소와 같은 건전한 생각을 가진 젊은이가 많다면 몽골의 미래가 희망적이며 밝아 보인다.

DATE 스물여섯번째 날

中華人民共和國의 수도인 '북경'(北京, 베이징)은 도시 전체가 박물관이라 일컬어지는 3천년 역사의 고도이다. 고대 전국시대에 잠시 연(燕)나라의 수도였다가, 원나라 때 몽고족이 중국을 통일하고 북경을 수도로 정한 이후 약 1천년 동안 수도로서의 입지를 지키고 있다. 오늘날은 중국의

정치, 경제, 문화의 중심지이다. 뿐
만 아니라 오랜 역사를 통해 전해
내려오는 만리장성과 자금성, 이화
원 등은 세계적으로 유명한 볼거리
들이 무궁무진하여 날이 갈수록 관
광도시로서 명성을 더해가고 있다.

중국은 아직까지도 모계사회의
풍습이 남아 있어 요리와 세탁,

북경의 호텔

북경(北京, Beijing)

면적은 1만 6800㎢, 인구는 1382만 명
(2000)이다. 정식명칭은 북경직할시(北
京直轄市)이다. 허베이성(河北省) 중앙부
에 있으며, 중앙정부 직할시(直轄市)이
다. 광대한 시역(市域)은 10구(區)·9현
(縣)으로 나뉘어 있다.

기후는 대륙성 기후를 보여 겨울에는 한
랭건조하고, 여름에 고온다우하며, 봄·
가을은 기간이 짧으나 날씨와 식생(植生)
경관이 화사하다. 1월 평균기온 —5℃ ,
7월 평균기온 26℃, 연평균기온 11.9℃
이고, 연강수량은 635mm이다.

한편 국지적으로는 지형의 영향을 적지
않게 받아 연강수량이 텐진(天津)의
530mm에 비해 100mm 정도 많고, 겨
울의 혹한일수도 텐진보다 5일 정도 적
은 80일을 보인다. 그 까닭은 베이징 분
지를 3면으로 둘러싼 산지가 여름에는
남동계절풍의 바람받이가 되고, 겨울에
는 북서계절풍을 어느 정도 가로막기 때
문이다.

2008년 제29회 하계올림픽 경기대회
개최지로 선정되었다.

가사에 이르기까지 대부분 남편들
이 하고 있다. 중국인이 태어나서
죽을 때까지 이루지 못한 것이 3가
지가 있다는데, 첫째는 중국의 땅이
넓어서 다 밟아보지 못하고, 두 번
째는 중국의 요리를 다 먹어보지 못
하고, 세 번째는 중국의 말(언어)을
다 배우지 못하고 죽는다고 한다.

특히 중국은 지방에 따라 곤충
으로 요리를 만들기도 하는데 '모
기 눈알 요리', '원숭이 생골 요
리', '상어 지느러미 요리' 등이
유명하다.

중국의 공무원 한달 월급이 2천
위엔(30만원)정도를 받고 있으며,
생필품은 가격이 저렴하여 서민들

이 생활하는데 어려움은 없다고 한다. 공산품 가격은 고가여서 구입하기가 쉽지 않다. 한국산 현대자동차 소나타를 구입하려면 우리 돈으로 5천만 원 정도를 주어야 하고, 북경의 아파트 값도 서울의 아파트 가격과 비슷한 수준이다. 그러나 중국의 재벌은 수적으로나 재산의 규모로도 한국과 비교가 되지 않으리만큼 엄청나게 많다고 한다.

아침 7시경 버스가 북경터미널에 도착했으니 자민우드를 출발한지 24시간 동안이나 달려온 셈이다. 북경에도 특별히 머무를 숙소가 정해진 곳이 없기 때문에 일단 시내버스에 올라 천안문 광장으로 나갔다.

광장주변에 중국이 자랑하는 '同仁堂' 한의원을 끼고 안쪽으로 들어가니 한글로 '고려여관' 이라는 간판이 눈에 들어온다. 조선족이 경영하는 낡은 건물로 보잘 것 없는 시설에 지저분한 숙소이다. 손님의 대부분은 한국에서 온 배낭여행객으로 거의 빈방이 없어 대기상태로 숙소를 정하고 천안문 광장으로 갔다.

광장 옆 **'국립박물관'** 1층에는 그리스, 이태리, 스페인 등 유럽의 귀중한 조각들의 원정 특별전시회가 열리고 있었다. 2층에는 중국의 고대 유물들이 전시되어 있으나 대만의 고궁박물관에 비하면 유물적 가치가 조금 떨어져 보였다. 1층 중앙에는 등소평 탄생 100주년을 기념한 사진을 전시하고 있다. 실용주의 노선을 통하여 오늘의 중국을 건설한 등소평의 업적을 기리고 재평가하기 위한 특별전이라 하겠다. 발을 들여 놓을 수 없을 정도로 많은 사람들이 붐비고 있어 사후에도 중국인들로부터 존경받고 있음을 알 수 있었다.

북경시내를 관광하면서 1년 전의 북경 모습에 비해 많이 변화하고 있다는 사실을 쉽게 볼 수 있었다. 한쪽에는 낡은 집과 소달구지가 보였지만, 다른 한쪽에서는 비싼 외제차가 시내를 달린다. 호텔과 고층아파트가 여기저기

들어서고 건설현장의 열기가 느껴지는 걸 보면서 과연 중국이 변하고 있음을 느낄 수 있었다.

북경의 얼굴로 중국 근대사의 상징적인 곳, 세계 최대의 광장으로 민주화 요구의 성지로 잘 알려진 '천안문광장'(天安門廣場)으로 발길을 옮겼다. 1919년의 5.4운동, 1966년 문화대혁명, 1989년의 6.4 민주화 시위가 이 곳에서 벌어졌다. 과거에는 이렇게 집회장소로 이용되었으나 현재는 시민들의 휴식처로 자리 잡고 있다. 국경일이나 외국의 주요인물이 북경을 방문하는 경우 꽃으로 장식되기도 한단다.

일단 광장에 들어서면 '인민영웅기념비, 인민대회당, 혁명박물관, 역사박물관, 모택동 기념관' 등의 외관을 볼 수 있다. 천안문광장을 마주 보고 있는 모택동 기념관 안에는 모택동 시신이 오성홍기에 덮여 수정관에 안치되어 있다. 모택동이 사망한지 벌써 28년(1976.9.9일 사망)이 경과되었음에도 맹목적이고 열광적으로 그를 추모하는 인파가 조화를 들고 2~3km씩

천안문 광장

천안문 광장

줄을 서서 몇 시간씩 기다리고 있다. 현대사에서 세계적으로 위대한 인물 중 하나로 꼽히는 모택동이 죽어도 죽지 않고 중국인들의 마음 속에 다시 살아온 느낌이다. 기념품 가게에 진열된 모택동의 사진을 들여다보기도 하고, 흉상을 만지며 상념에 젖어 있는 듯한 모습이 오히려 인상적이다.

지금 중국에서는 '혁명정신' 마저 상품으로 만드는 상업주의의 희생양이 되어 길거리 젊은이들의 겉멋 들린 티셔츠와 가방 등의 장식용 인형으로 부활해 불티나게 팔리고 있다.

천안문광장 지하도를 건너 **'천안문'** (天安門)안으로 입성하면 정면에 '자금성'(紫禁城)이 있다. 명나라(1417년)때 건축해서 승천문(承天門)이라 하다가 청나라(1615년)때 화재로 소실된 것을 개조해 천안문이라 했다. 천안문의 높이가 34m이며 성문이 5개가 있다. 붉은 담장에 황색 기와를 덮은 천안문 앞쪽에는 금수하가 흐르고 그 위에 정교하게 조각된 다섯 개의 다리가 있다. 정문 중앙에는 거대한 모택동의 초상화가 걸려있어 아직도 중국인들의 존경과 끝없는 사랑을 받고 있음을 느낄 수 있었다.

위용을 자랑하고 있는 이 고궁은 명나라 초기(1406~1420)에 건축된 황궁으로 자금성(紫禁城)이라 불렀다. 동서로 약 750m, 남북 960m, 총면적은 72만㎡로 천안문 광장의 약 1.6배이고 8백여 개의 궁전과 누각, 9,999개의 방이 있어 방 하나에 하루씩 잔다면 27년도 넘게 걸린다고 하니 자금성이 정말 어마어마한 규모임에는 틀림없다.

자금성

예전에는 일반의 출입이 금지되어 영어 안내책자에 'Forbidden Palace' (금지된 성)라고 표시되어 있었지만 지금은 일반적으로 고궁이라고 하며, 박물관으로 쓰이고 있다.

남쪽 정문 오문(五門)에서 북쪽문 신무문(神武門)까지 12개의 크고 작은 전각이 일직선으로 줄을 서고 있다. 자금성은 외조(外朝)와 내정(內庭)으로 구분된다. 외조는 태화전, 중화전, 보화전 등으로 황제의 집무장소이고 내정은 건청궁, 교태전, 곤녕궁 등으로 황제와 황족이 생활하는 곳이다.

그 중에서 태화전은 가장 중요하고 대표적인 장소로서 황제가 조회를 받고 정치업무를 보던 곳으로 '마지막 황제'의 촬영장소로 더 유명하다.

또한 자금성에서 가장 크고 화려한 문으로, 앞에는 구리로 만든 큰 사자 두 마리가 있었다. 오른쪽은 숫사자, 왼쪽은 암사자인데 중국에는 야생사자 가 없으므로 상징적인 신화적 동물로 황제의 수호신이라 할 수 있다. 수컷 은 앞발에 여의주를, 암컷은 사자 새끼를 뒤집은 채 움켜쥐었는데 암컷의

자금성 내

두 번째 발가락이 새끼의 입에 들어가 있다. 예로부터 중국 사람은 사자는 앞발가락에서 젖이 나온다고 생각했다고 한다.

자금성 내 각 궁전 앞에는 '保持淸潔'이라는 표시판을 세워 놓았는데, 앞서 가던 한국인 부부가 그것을 보고 킬킬거리며 가고 있다. '궁전을 깨끗하게 관리하자'는 의미의 표시판이 한자의 음만 읽으면 한국인들에게 다른 의미를 생각하게 하였다.

자금성 주위에는 높이 10m의 성벽이 둘러싸여 있으며 바닥에는 모두 벽돌이 깔려 있었는데 이는 땅 밑을 뚫고 들어올지도 모를 침입자를 막기 위한 것으로 지하에는 40여장의 벽돌을 쌓았고 자금성 성벽 바깥으로는 폭 52m의 해자를 만들어 물이 흐르게 했다. 넓은 자금성이 주홍빛으로 물들어 있는 것은 황제만이 사용할 수 있는 색깔이었기 때문이다.

자금성을 나와 북경에서 제일 높은 곳이라는 '경산공원'(景山公園)을 찾아갔다. 원나라 때 북쪽으로부터 오는 악령을 막기 위해 인공으로 만든 경산공원은 역대 황제가 자금성의 북쪽 후문인 신무문(神武門)을 나와 길 하나를 건너 노송이 푸른 언덕을 올라 산책을 즐긴 코스이다. 경산공원 높이가 92m로 다섯 개의 낮은 산봉우리에 정자가 하나씩 있는데 가장 높은 곳이 '만춘정'(萬春亭)이다.

명나라 말기 이자성(李自成)이 반란을 일으켜 쳐들어 왔을 때 숭정제(崇禎帝)가 일족을 죽이고 나무에 목매어 자살했던 곳에 만춘정을 세웠다고 한다. 정상에 올라 북경시내를 내려다보니 뿌연 안개 때문에 잘 볼 수는 없었다.

자금성 내

북경은 공기가 안 좋아서 안개가 자주 낀다는 말을 들었는데 산업화가 이뤄지면 환경은 나빠지는 것이 어쩔 수 없다고 해도 앞으로 중국도 환경에 신경을 써야 할 것 같았다.

정상에서 기념품을 사기 위해 중국 상인들과 흥정을 했는데 처음에는 35위엔이었던 물건이 10위엔 까지 내려가는 것을 보고 놀랐다. 다른 곳에서도 그랬지만 우선 가격을 비싸게 붙여 놓고 조금씩 깎아주는 것 같았다. 그래서 똑같은 물건을 사더라도 어디서 그리고 얼마나 늦게 사느냐에 따라 물건값이 다 달랐다. 그래서 일행들끼리 울고 웃는 일이 자주 벌어졌다.

경산공원을 내려와 쇼핑 코스 중 하나로 '중국 중앙한의학 연구소'라 간판이 붙어 있는 곳으로 찾아 들어갔다. 연구소 안으로 들어가니 10여 평이 되는 연구실마다 한의학 박사라는 교수가 있다. 한의학 교수가 설명하는 가운데, 2008년 중국의 올림픽을 '문화 올림픽'으로 승화시키기 위하여 우선적으로 중국을 찾는 관광객에게 한의학을 홍보하려고 이 자리가 마련되었다고 한다.

설명을 마친 한의학 교수들은 우리 일행 모두를 진맥했다. 나의 진맥 결과는 혈당이 높고, 어혈이 뭉쳐 혈액순환이 잘 안되어 협심증과 콩팥에 이상이 있다며 연구소에서 조제한 약을 3개월 정도 복용하면 완치된다고 하였다. 약값은 3개월분이 120만 원이란다. 배낭 여행자가 무슨 돈이 있게냐고 했더니 카드로 사용해도 된단다. 카드도 없다고 했더니 그 한의학 박사님 얼굴빛이 갑자기 차가워짐을 느낄 수 있었다.

오후에는 북경 북서쪽 15km 지점에 있는 중국 4대 정원의 하나이며 최대 황실정원인 '이화원'(頤和園)에 도착했다. 면적이 2백 90만㎡로 자금성의 4배이며 천안문 광장의 6배가 넘는 어마어마한 크기의 공원이다.

북경의 이화원

이화원

이화원 안에는 4개의 호수가 있는데 모두 인공호로, 호수가 전체 부지의 70%를 넘는다고 하니 이화원을 만들었을 백성들의 고통은 짐작하고도 남음이 있다. 금나라(1153년) 때 이 곳에 처음으로 궁전이 세워졌고, 명·청 때는 인공의 호수와 산인 곤명호(昆明湖)와 만수산(萬壽山)이 만들어 졌다. 그러나 아편전쟁으로 파괴된 이화원을 서태후가 다시 1888년에 중국해군을 동원하여 복원하였다.

이화원 회랑의 벽화

이화원은 '서태후'(西太后)의 여름 별장으로 중국 전래의 예술적 특색을 유감없이 발휘한 정원이다. 서태후가 호수에 배를 띄워 물놀이를 하며, 매일같이 뭇 남성과 윤락행위를 즐기는 장소로 이용했다고 전해지고 있다. 이러한 서태후의 허영은 결국 중국이 청나라 말기 영국과의 싸움에서 무참히 패하게 되는 또 하나의 원인이 되기도 하였다. 이화원을 둘러보면서 이렇게

곤명호의 아치교

곤명호의 누각

큰 규모의 정원을 시내 한복판에 만들었다는데 놀라지 않을 수 없다.

곤명호 북쪽 기슭을 따라 728m의 장랑(長廊)이 팔각정 4 채를 연결하고 있다. 장랑의 천장에는 아름다운 경치 8천여 점의 화려한 그림이 그려져 있어 이방인의 발길을 더디게 만들었다. 비록 문화혁명 때 훼손되었지만 반정도는 복원되었고, 나머지는 훼손 그대로의 모습을 보여 주고 있었다. 왜냐하면 복원된 모습이 옛날 모습과 다르게 나타나서 복원을 중단했다고 한다.

서태후가 노닐던 곤명호를 따라 한바퀴 도는데 2시간이 소요되었다. 인공호수이기는 하지만 그 풍광이 수려하고 호수에 연꽃이 만발하여 보는 이로 하여금 탄성을 자아내게 한다. 아베크족들이 호수의 산책로를 따라 사랑을 쌓아가는 모습도 보기가 좋고 부러울 뿐이다. 시간적 여유가 있으면 하루 일정으로 역사의 현장 이화원에서 서태후의 숨결을 느끼며, 곤명호에 보트를 띄우고 사색에 잠기고 싶은 충동이 인다.

중국 55개 소수민족 중 태족의 전통식당인 **'태가촌'**에 들러 디너쇼를 보며 석식을 즐겼다. 저녁 7시부터 곡예와 다양한 기술이 집대성된 중국 고유의 전통 기예 쇼인 '서커스'를 관람하기 위하여 서둘러서 공연장으로 갔다.

중국의 서커스는 세계적인 수준으로 중국을 여행하는 사람이라면 한번쯤

이화원 곤명호

관람을 해 볼만한 가치가 있다. 공연장의 관객은 대부분 한국에서 온 여행객들이다. 공연이 시작되면서 모두들 숨을 죽이고 무대 쪽을 응시한다.

접시돌리기, 자전거 타기, 줄타기 등 전형적인 서커스 종목과 기발한 아이디어를 갖춘 공연들이 다채롭게 이어지고 있다. 나이가 어린 출연자들이 몸동작이 유연하여 연체동물처럼 마음대로 움직였다. 1시간 30분 동안 공연이 끝날 때까지 묘기가 속출할 때마다 관중석에서 탄성과 박수가 터져 나왔다.

어린 나이에 돈을 벌기 위해 관객에게 묘기를 보여주려고 위험한 동작들을 매일 반복해서 연습한다는 말에 가슴이 아팠다. 이들은 어릴 적부터 몸이 유연해지라고 식초를 많이 먹어 평균수명이 45세에서 50세 정도 밖에 안 된다고 한다. 중국에서는 이런 서커스단원들을 공무원이라고 하는데 우리가 생각하는 공무원 즉, 사무직 공무원도 있으나 이렇게 나라를 위해 봉사하는 서커스 단원들도 공무원으로 삼고, 20살이 넘으면 일반 직장에 직원으로 고용시키는 방식으로 운영되고 있단다.

서커스 공연이 끝난 후 하루의 일정을 마치고 밤 9시가 다 되어서 숙소로 돌아와 내일을 위한 휴식시간을 갖는다.

스물일곱번째 날

오늘이 북경관광 일정의 마지막 날로, 명 13능(明十三陵)과 만리장성(萬里長城), 용경협(龍慶峽)을 돌아보기 위하여 여행사에 투어를 신청하였다. 첫 코스로 북경에서 북서쪽으로 45km 떨어진 지점인 창평현(昌平縣) 내에 **'명십삼릉'**(明十三陵)중 **'장릉'**(長陵)을 찾아갔다.

'명십삼릉'은 명나라 황제 16명 중 3대 영락제부터 마지막 숭정제까지 13명의 묘가 있는 곳이었다. '명십삼릉'은 능마다 서로 비슷하고 다 둘러보기도 일정상 시간이 부족하여 그 중에서 '장릉'을 보기로 했다.

장릉은 북경을 명나라의 수도로 정했던 초대왕 성조 '영락제'의 묘이다. 13능 가운데 가장 먼저 만든 능으로 규모도 제일 크다. 그러나 아직 지하궁전이 개발되지 않아서 여행자로부터 크게 환영받는 능은 아니다. 토성에 둘러싸인 능은 세 개의 정원으로 나뉘며 벽돌로 쌓은 성벽 둘레의 길이가 1km정도 된다.

두 번째 정원은 제사를 지내는 능은전(陵恩殿)으로 죽은 황제의 은덕으로 복을 누린다는 뜻이란다. 장릉을 둘러보면서 우리나라의 능과 비슷하다는 느낌을 받았는데 사회주의 국가라서 그런지 유물에 대해서 보존이나 관리를 소홀히 하고 있다는 느낌을 받았다.

장릉을 나와 점심을 먹으려고 식당으로 가니 식당은 1,000여 명이 동시에 식사를 할 수 있는 큰 규모이다. 식당 주차장도 관광버스로 초만원을 이루고, 손님 대부분은 한국에서 온 여행자들이다.

명십삼릉과 만리장성(萬里長城)으로 가는 도로변에 레스토랑을 겸한 백화점은 관광객이 아니면 운영이 어려울 법한 외진 곳에 있다. 건물 내부는 레스토랑과 백화점으로 연결되어 쇼핑을 할 수 있도록 꾸며졌다. 중화요리로 점심을 먹고 백화점을 둘러보며 아이쇼핑 겸 휴식을 취하다 버스에 올라 만리장성으로 향했다.

'만리장성'은 역사의 숱한 이야기를 감추고 있는 유적으로서, 달에서도 보이는 유일한 인공 건축물이라며 중국인들이 자랑하고 자부심과 긍지를 가지고 있는 성이라 할 수 있다.

만리장성 중에서도 일반 여행자들이 주로 찾는 팔달령(八達嶺)의 일부를 보기로 했다. 팔달령은 북경에서 서북쪽으로 70km 지점에 있는 장성으로

동쪽 산하이관(山海關)에서 서쪽 자위관(嘉關)에 이르며, 지도상의 총연장은 약 2,700km이나 실제는 5,000km에 이를 것이다. 장성의 기원은 춘추시대의 제(齊)에서 비롯되어 전국시대(戰國時代)에는 연(燕)·조(趙)·위(魏)·초(楚) 등 여러 나라가 장성을 구축하였다. B.C 221년 진(秦)의 시황제(始皇帝)가 천하를 통일하자, B.C 214년에 그때까지 연·조 등이 북변에 구축했던 성을 증축·개축하여, 서쪽의 간쑤성(甘肅省) 남부 민현(岷縣)에서 황허강(黃河) 서쪽을 북상하여 인산(陰山) 산맥을 따라 동쪽으로 뻗어 랴오둥(遼東)의 랴오양(遼陽)에 이르는 장성을 구축함으로써 흉노(匈奴)에 대한 방어선을 이룩하였다. 다시 한대(漢代)에 이르러 무제(武帝)는 B.C 2세기 말에 영토의 서쪽 끝인 둔황(敦煌) 바깥쪽의 위먼관(玉門關)까지 장성을 연장하였다.
청대(淸代) 이후에는 군사적 의의를 상실하고, 단지 중국 본토와 둥베이(東北:만주)·몽골 지역을 나누는 정치·행정적인 경계선에 불과하게 되었다. 한편, 축성의 재료는 햇볕에 말린 벽돌과 전(塼)·돌 등이며, 성벽은 높이 6~9m, 폭은 상부 4.5m, 기부(基部) 9m이다.
유네스코의 세계유산목록에 수록되어 있다.

명나라 때 축조된 것이어서 중국에서는 명장성(明長城)이라고도 부른다.

팔달령에 도착하면 입구 주변에 여러 개의 음식점과 기념품을 파는 가게도 많다. 매표소에서 성벽을 올려보면 천길 낭떠러지 급경사를 오르내리는 케이블카를 타고 성벽에 올랐다.

팔달령이 축조된 지 오백여 년 밖에 되지 않아서인지 보존 상태가 상당히 좋은 편이었다. 굽이굽이 돌아가는 산등성이에 만들어진 장성은 어떤 지형에도 끊어지지 않고 교묘하게 연결되어 망루에 올라서 바라보면 끝없는 성벽이 장관이다. 성벽에는 적의 침입이 있을 때 즉시 알리는 통신수단으로 쓰였던 봉화대가 120m 간격으로 설치되어 있다. 적을 공격하는 토대와 겹으로 된 방어용 성채도 그 위용을 자랑하고 있다.

만리장성의 팔달령에서 40분 거리에 위치한 **'용경협'(龍慶峽)**은 이번 여행의 대미를 장식할 북경의 북경십팔경(北京十六景) 중의 한 곳이다. 연경현성(延慶縣城)에서 동북쪽으로 15km정도 떨어진 곳으로 고성하(古城河)가 가로 지나는 협곡으로 고성(古城) 저수지가 만들어져 있다.

양쪽 벼랑이 2,300m로 깎아지를 듯한 그 기세가 매우 장관이다. 용경협은 협곡형의 저수지로 약 800만㎥의 물을 저수할 수 있으며 수심이 450m이다. 50m에 달하는 인공폭포와 1986년부터 시작한 빙등회(氷燈會)가 유명하다. 길이가 300m나 되는 동굴에는 「서유기」등 신기한 이야기들이 조각되어 있고 얼마 전에 복원한 금강산(金剛山) 공원은 보트를 타고 유람 할 수 있다. 남방 산수의 부드러움과 북방 산수의 웅장한 면모를 모두 갖추고 있어, '소계림'(小桂林)이라고 불릴 만큼 높이 솟은 가파른 봉우리들이 계림을 연상시킨다.

용경협은 북경으로부터 85㎞ 정도 떨어진 곳에 위치하며 팔달령에서는 20㎞ 떨어진 곳에 있다. 몇 년 전만해도 중국인들은 이러한 곳에는 별로 관심이 없었으나, 중국 정부가 관광사업에 투자를 많이 하면서 개발되어 최근에는 중국인들도 즐겨 찾는 유명한 관광지가 되었다. 1973년에 개발되었으며 댐 위까지 올라가는 에스컬레이터도 1996년부터 설치하여 운영하고 있다. 산 아래 계곡을 70m 높이 댐으로 막아 놓고 유람선을 운행하고 있다. 전체 구간은 21㎞ 정도이고, 유람선을 운행하는 거리는 7㎞ 정도이다.

장쩌민(江澤民) 국가중앙군사위 주석이 '龍慶峽'이라고 쓴 큼직한 주홍 글씨가 초입의 언덕바지와 유람선을 타고 호수를 따라 가다보면 절벽에도 새겨져 있으며, 전기를 끌어들여 조명 장치까지 해 놓았다.

강 양쪽에 높고 가파른 절벽들이 연이어져 신비한 느낌을 주며, 각 봉우리들의 생긴 모양에 따라 이름이 붙여져 있다. 신이 연필을 꽂아 놓은 모양이라는 뜻의 신필봉(神筆峰), 절에서 쓰는 종을 엎어놓은 모양의 종산, 관리들이 쓰는 모자를 엎어놓은 모양의 봉관, 사람 옆 얼굴과 동물의 형상을 연상케 하는 봉우리도 있다.

주위의 경관에 정신없이 넋을 잃고 있노라면 갑자기 사람들이 비명을 지르며 하늘을 쳐다본다. 높이 180m정도 되는 호수 위에 외줄이 걸려 있고 그 위에서 오토바이나 자전거를 탄 사람이 나타나 외줄 타기 서커스 묘기로 색다른 즐거움을 준다. 절벽 위로는 구연동, 금강산, 신선원 등의 등산코스도 있다.

용경협 관광을 마치고 북경시내로 돌아와 석식은 오리구이(카오야 : Beijing Duck)로 먹기로 했다. 북경을 대표하는 요리로 북경을 여행하는 사람이라면 꼭 한번 맛보아야 할 필수 코스이다. 북경 오리구이를 먹을 수 있는 대표적인 식당이 바로 전취덕(全聚德)이다. 130년이 넘는 역사를 가지고 있으며 많은 지점을 보유하고 있을 정도의 기업이고, 북경에는 전문(前門)과 화평문(和平門)에 지점이 있다.

잘 구어 진 오리구이는 기름이 배어나 윤기가나고 바삭바삭한 껍질과 부드러운 육질을 두루 갖추고 있다. 요리사가 손님 앞에서 구워진 오리를 직접 먹기 좋은 크기로 잘라 주었다, 얇게 부친 밀가루 부꾸미와 파, 특별 소스가 함께 나왔다. 북경 오리구이를 먹는 방법은 먼저 밀가루 전병에 소스를 바르고, 그 위에 고기와 파를 넣은 다음 부꾸미를 말아서 먹으면 된다. 젓가락이 나오긴 하지만, 손으로 잡고 뜯어먹는 것이 더 편하였다. 오리구이로 포식을 하고 숙소인 고려여관으로 돌아왔다.

숙소로 돌아온 일행 중 몇 사람이 오늘이 마지막 밤이라며 간단히 맥주나 한 잔 하자고 숙소 레스토랑 테이블에 모여 앉았다. 짧은 기간이었지만 상호간에 관심과 배려로 즐거운 여행이 되어 감사하다는 뜻으로 술값은 연장자인 내가 부담하였다.

2차로 북경의 중심가인 **‘왕부정대가’**(王府井大街)로 나가 한 잔 하자기에 세 사람이 택시를 불러 타고 따라 나섰다.

북경의 중심가–왕부정 거리

왕부정 거리   왕부정 먹자골목

자금성 동쪽에서 남쪽으로 길게 뻗은 왕부정 거리는 서울의 명동과 비슷하다. 왕부정대가 700m에 이르는 거리에는 각종 전문상가가 집중되어 있다. 북경반점을 필두로 백화점, 신화서점, 동안시장이 있다.

이 곳에는 북경 오렌지족을 유혹하는 각종 세계적 유명상표와 잡화점이 즐비한 유행과 패션의 거리로 북경의 멋쟁이들이 나들이하는 장소이어서인지 늦은 밤 시간에도 많은 젊은이들로 붐비고 있다. 특히 왕부정 입구에서 어두운 골목 안으로 들어가니 각종 골동품과 토산품을 산더미처럼 쌓아 놓고 이방인을 유혹하였다.

북경 야시장을 누비며 포장마차에서 맛본 꼬치와 백알 맛이 일품이었다. 밤 시간인데도 수많은 사람들로 넘쳐나 먹고, 마시고 흥청거리는 화려함과 낭만이 깃든 거리이다.

자정이 가까워져 숙소로 돌아가는 길에 천안문 광장을 지나려는데, 천안문 광장은 밤이면 통제가 되기 때문에 갈수가 없단다. 걸어서 10분이면 갈 수 있는 거리를 택시를 타고 외곽으로 돌아서 숙소로 돌아갔다.

천진항에서 오전 9시에 출항하는 인천항 귀국선을 타려고 새벽 5시에 기상하여 서둘렀다. 택시로 천진까지 가는데 대절요금으로 300위안을 주면 간다는데 기사들은 800위안을 달란다. 기사들과 밀고 당기며 흥정한 끝에 400위안을 주기로 하였다. 네 사람이 합승을 하기 때문에 1인당 100위안으로 시외버스 요금보다 약간 비싼 편이다.

천진까지 가는 거리는 140km로 약 2시간 정도 소요된다. 달리던 택시는 천진으로 빠져나가는 고속도로 톨게이트에서 멈추더니 50위안을 더 주어야 가겠단다. 오나가나 기사들의 횡포에 분통이 터지지만 어쩔 수 없이 당하고 만다.

천진항에 도착해서 출국수속을 마치고 조선족이 경영하는 식당에 들러 김치찌개로 아침식사를 했다. 식당에는 뱀술, 산삼술, 더덕술과 몸에 좋다

천진항

는 온갖 한약재를 진열해 놓았는데, 한국 사람들 보양식품이라면 땅 속의 지렁이까지 꺼내 먹는 것을 알고 있는 모양이다.

천진에서 인천항을 오가는 보따리장사 아주머니들이 양주 2병과 담배 2 보루를 인천항까지 들어다 주면 20,000원씩을 주겠다고 사정을 해 온다. 아무리 생계수단이라 하지만 국가가 불법으로 막고 있는 밀수를 나까지 동조하여 짐을 옮겨줄 수는 없지 않는가!

12,000톤급 '천인호'(天仁號)는 정원 467명을 승선시키고 인천까지는 가는데 24시간이 소요된다. 지난번 인천에서 단동 간을 운행하는 동방명주호에 비해서 규모가 2,000톤 정도 더 커서인지 선내에 2개의 식당과 사우나탕, 발마사지 시설까지 갖추고 있었다.

천인호에서 바라본 천진항의 규모가 이렇게 엄청난지는 미처 몰랐다. 천진항 부두에는 제복을 입은 공안원의 모습도 눈에 들어온다. 항구에 정박한 천인호 갑판 위로 살랑살랑 불어주는 바람이 무더위를 식혀주고 있다. 바닷물은

천진항의 화물선들

위) 천인호 갑판에서 본 풍경
아래) 천인호를 스치고 지나간 여객선

항구가 오염되어서 그런지 황하를 연상하리만큼 짙은 황토빛깔을 띄고 있다.

'천진'(天津)은 중국 화북지방의 대도시로 면적 11,305㎢, 인구 1,000만 명의 정부직할시로 북경, 상해에 이어 제3의 도시이며 한국의 대기업들이 많이 진출한 공업도시이다. 1858년 아편전쟁으로 맺은 북경조약 체결에 의해 천진을 개방하였으며, 1899년 일어난 의화단(義和團)의 난으로 인해 서구열강 8개국의 조계지가 되면서 급속히 변모하여 1952년 항만을 건설해 국제무역항으로 자리를 잡고 있다. 지금 천진항은 새로운 물류 중심지로 떠오르고 있다. 최근 통계에 따르면 천진항의 컨테이너 연 적재량은 이미 300만 톤에 달하고 있다. 1238만 톤의 상하이항 수준에는 아직 못 미치지만 천진항은 1973년부터 컨테이너 운수가 가능한 중국 최초의 항구였으며 중국 북방 지역의 물류 요충지이다. 천진은 베이징 뿐만 아니라 화베이(華北), 시베이(西北), 나아가서는 중국을 지나 중앙아시아 내륙국가에까지 이를 수 있는 해상통로라는 점에서 중요성이 부각되고 있다.

해상운송 뿐만 아니라 최근에는 68개의 정기 항공노선이 취항하고 있으며 전 세계 300여개의 운송관련 기업들이 천진항에 대한 사업을 확장하고 있다. 현재 천진항은 세계 컨테이너항만 중 25위권 내에 진입해 있다. 천진항은 현재 컨테이어 전문 선박장 11곳을 건설했으며 길이는 2700여미터,

창고면적은 110평방미터에 달한다.

2009년 전까지 천진항은 70억위안 이상을 투자하여 10곳의 대형 컨테이너 전문 부두를 건설하고 400만개를 새로 증축할 예정이다. 또한 11억위안을 들여 점유면적이 약 5.4평방킬로미터에 달하는 컨테이너 물류센터를 건설할 예정이며 2010년 전까지 119억위안을 투자해 항구

천인호에서 바라본 북한의 섬

주변에 컨베이어 시스템 20여개를 구축할 계획이다

갑판 위에서 천진호가 스치고 간 빈자리를 바라보노라면 제법 널찍한 2차선 고속도로를 일직선으로 그으며 지나가는 듯한 흔적을 남기고 있다. 이따금씩 작은 화물선이 지나가고 중국 연해의 황토빛깔 바닷물이 중심부로 갈수록 군청색으로 바뀌어 감을 느낄 수 있다. 어느덧 한 달 동안의 동북아 여행 일정이 마무리 되면서 고요한 바다에 작은 파문을 일으키며 귀국선이 망망대해를 흘러가듯 내 인생도 속절없이 흘러가고 있다.

호수처럼 잔잔한 조용한 바다가 아침 햇살을 받아 영롱하게 반짝인다. 어느새 백령도가 한 폭의 그림처럼 펼쳐지고 섬 사이로 조그마한 어선들이 닻을 내리고 고기 잡는 모습이 보인다. 파란 하늘에는 여객기 한 대가 구름을 뿌리며 날아가고 있다.

배를 타면서부터 316호 선실에는 침묵이 흐르고 숨이 막힐 것 같은 분위기가 이어지고 있다. 열 길 물 속은 알아도 한 길의 사람 속은 알 수 없다고 하더니, 여행기간 내내 필요에 따라 접근하던 사람이 여객선에 오르면서 안면몰수한다. 가련하고 측은한 인생들, 한 달의 인연도 질긴 인연일진데! 자신의 사생활도 중요하지만 공동체 생활에 적응하지 못하는 인생들이 무엇

을 얻고자 여행을 다니는지 반문하고 싶다.

그 동안 멀고도 험한 길, 산을 넘고 물을 건너 자동차, 기차, 여객선에 몸을 싣고 달려 왔다. 배낭을 짊어지면서부터 고삐 풀린 망아지처럼 일상의 모든 가면을 벗고 한없이 자유로운 나만의 삶에서 다시 가면을 쓰고 일상으로 돌아가야 한다.

여객선이 인천항 여객터미널에 도착하니 사랑하는 아내와 자녀들이 마중을 나왔다. 사랑하는 가족들의 영접을 받으며 집으로 돌아가면서 1달 동안의 동북아 여행을 마무리한다.